输变电设备知识图谱及知识管理：方法与实践

龚泽威一　于　虹　沈　龙　马　仪　彭　晶 ◎ 编著

西南交通大学出版社
·成　都·

图书在版编目（CIP）数据

输变电设备知识图谱及知识管理：方法与实践 / 龚泽威一等编著. -- 成都：西南交通大学出版社，2024.9. -- ISBN 978-7-5774-0088-4

Ⅰ．TM72-64；TM63-64

中国国家版本馆 CIP 数据核字第 20248618FV 号

Shubiandian Shebei Zhishi Tupu ji Zhishi Guanli : Fangfa yu Shijian

输变电设备知识图谱及知识管理：方法与实践

龚泽威一　于虹　沈龙　马仪　彭晶　编著

策 划 编 辑	李芳芳　罗俊亮
责 任 编 辑	张文越
封 面 设 计	墨创文化
出 版 发 行	西南交通大学出版社
	（四川省成都市金牛区二环路北一段 111 号
	西南交通大学创新大厦 21 楼）
营销部电话	028-87600564　028-87600533
邮 政 编 码	610031
网　　　址	http://www.xnjdcbs.com
印　　　刷	四川煤田地质制图印务有限责任公司
成 品 尺 寸	185 mm × 260 mm
印　　　张	13.25
字　　　数	282 千
版　　　次	2024 年 9 月第 1 版
印　　　次	2024 年 9 月第 1 次
书　　　号	ISBN 978-7-5774-0088-4
定　　　价	79.00 元

其他著者

王　欣　张　辉　王　山　王泽朗　高振宇

于　辉　马宏明　王耀龙　马御棠　曹占国

马显龙　李　昊　段雨廷　许志松　周　帅

饶　桐　胡　锦　代泽林　孙建文　游绍华

梁峻恺　郭晨鋆　吴远密　袁　明　张熙然

邓　庆　梁　凯　张　航　陆光前　张　建

陈德凯　骆　钊　帅春燕　欧阳鑫　潘　浩

崔庆用　文　刚　耿　浩　姜　詠　张　粥

李修权　李东波　董晨阳　艾林超　陈麟鑫

张鱼龙　谭文明

我国电力行业中的输变电设备具有规模巨大、覆盖面广、类别复杂等特点，在长时间的运行中不可避免地会出现故障问题。引起故障的原因包括设备制造和安装时存在的问题、设备的老化和损耗、过载或短路、操作过程中的失误等。然而，输变电设备本身也是一个极其复杂的系统，表征其状态的特征量众多，如运行工况、故障历史数据、资产管理数据、家族缺陷等，由于这些状态信息的不确定性和模糊性，以及参量之间复杂的相互耦合影响，因此在对输变电设备运行状态的有效和准确评估方面存在着很大难度。目前，我国输变电设备的运维工作主要依赖于指南、规定、专家经验或比值特征分析方法等，这些方法难以满足输变电设备海量、差异化和精细化的维护需求，可能导致设备出现"过度维护"或"维护不足"的状态，从而浪费大量人力和物力资源。

输变电设备不仅是电力系统的核心组件，也是确保电力系统安全可靠运行的关键。随着智能电网的发展，部署了大量监控设备形成庞大的传感器网络，产生了海量的异构数据，但传统的数据管理办法难以有效利用海量数据。知识图谱作为知识管理研究的重要切入点，具有高度的信息组织兼容性，能够满足输变电设备全生命周期数据管理。通过知识图谱，电力企业能够实现对输变电设备运行状态更精准的评估，并通过智能推理和数据分析，优化维护策略，提升设备管理的效率与准确性。这不仅能够有效减少资源浪费，还能够提高输变电设备的可靠性和安全性，为电力系统的稳定运行提供有力保障。

本书共 6 章。第 1 章阐述了知识图谱的基本概念、应用价值和输变电设备知识管理规范，是全书的理论基础。第 2 章包含输变电设备的概念、类型、功能和基本工作原理。第 3 章详细说明知识图谱的管理和知识图谱的基础。第 4 章首先介绍了输变电设备全生命周期的分类与融合，随后介绍了输变电设备数据特征的提取，最后全面阐述了输电领域知识图谱的构建。第 5 章针对输变电设备柔性定制化分析、知识图谱在输变电设备运维中的应用和知识图谱在输变电设备状态评估中的应用三个方向，使用案例说明输变电设备知识图谱的现实意义。第 6 章针对输变电设备知识图谱的未来前景和面临的挑战，分析了未来发展的方向。此外，针对书中提到的知识图谱构建工具和技术，本书提供了附录进行说明。

　　感谢提供基础素材的各位撰稿人；感谢历届博士、硕士研究生提供的算法与案例；感谢编辑出版本书的西南交通大学出版社。

　　限于作者水平，书中疏漏、不妥之处在所难免，恳请读者指正为盼！

作　者

2024 年 4 月

目 录
CONTENTS

第1章 概 述

1.1 知识图谱的概念

1.1.1 知识图谱的基本概念

从 2012 年"知识图谱（Knowledge Graph）"被提出到今天，知识图谱技术发展迅速，而伴随着大数据与人工智能技术的飞速发展，知识图谱的内涵也越来越丰富[1]。本节首先介绍知识图谱的狭义与广义概念。狭义的知识图谱特指一类知识表示形式，本质上是一种大规模语义网络。广义的知识图谱是大数据时代知识工程一系列技术的总称，在一定程度上指代大数据知识工程这一新兴学科。

1. 知识图谱的狭义概念

1）知识图谱作为语义网络的内涵

"知识图谱"一词在提出之初是为了支撑语义搜索而建立的知识库。随着知识图谱技术应用的深化，知识图谱已经成为大数据时代最重要的知识表示形式。作为一种知识表示形式，知识图谱是一种大规模语义网络，包含实体（Entity）、概念（Concept）及其之间的各种语义关系。

理解知识图谱的概念，要掌握两个要点：第一，其是语义网络，这是知识图谱的本质；第二，其是大规模的，这是知识图谱与传统语义网络的根本区别。

语义网络是一种以图形化（Graphic）的形式通过点和边表达知识的方式，其基本组成元素是点和边。语义网络中的点可以是实体、概念和值（Value）。

a. 实体。实体有时也会被称作对象（Object）或实例（Instance）。实体是属性赖以存在的基础，并且必须是自在的，即独立的、不依附于其他东西而存在的。理解何为实体，对于进一步理解属性、概念是十分必要的。

b. 概念。概念又被称为类别（Type）、类（Category 或 Class）等。概念所对应的动词是"概念化"（Conceptualize）或者"范畴化"（Categorize）。概念化一般指识别文本中的相关概念的过程。需要指出的是，在不同的实际应用中，英文"Type""Class"及"Concept"的含义是略有差异的。

c. 值。每个实体都有一定的属性值。属性值可以是常见的数值类型、日期类型或者文本类型。

在很多文献与实际应用中，往往将属性与关系混用，未严格地从属性中区分出关系。关系对于知识图谱上的多步遍历以及沿着语义关系的长程推理十分重要。而知识图谱上的推理操作一旦遇到一个属性，就意味着推理结束。

语义网络中的关联都是语义关联，这些语义关联发生在实体之间、概念之间或者实体与概念之间。实体与概念之间是 instanceOf（实例）关系，概念之间是 subclassOf（子类）关系，实体与实体之间的关系是十分多样的。

2）知识图谱与传统语义网络的区别

知识图谱与传统语义网络最明显的区别体现在规模上：知识图谱规模巨大，此外，还体现在其语义丰富、质量精良、结构友好等特性上[2]。

a. 规模巨大。知识图谱的规模之所以如此巨大，是因为它强调对于实体的覆盖。知识图谱因其规模巨大而被认为是大知识（Big Knowledge）的典型代表。

b. 语义丰富。语义丰富体现在两个方面。首先，知识图谱富含各类语义关系。关注不同语义关系的知识图谱互联到一起，就基本能涵盖现实世界中常见的语义关系。其次，语义关系的建模多样。一个语义关系可以被赋予权重或者概率，从而可以更精准地表达语义。

c. 质量精良。知识图谱是典型的大数据时代的产物，大数据的多源特性使得可以通过多个来源验证简单事实，如果大部分来源支持某一事实，基本就可以推断这一事实为真。

d. 结构友好。知识图谱通常可以表示为三元组，这是典型的图结构。三元组也可以借助 RDF（Resource Description Framework）进行表示。无论是图数据还是 RDF 数据，均是数据库领域的重要研究对象，数据库领域已经针对这些数据类型发展出了大量有效的管理方法。这使得知识图谱相对于纯文本形式的知识而言对机器更友好。因此，知识图谱可以作为机器认知世界所需要的背景知识来使用。

事物都有两面性，知识图谱的优点与缺点相伴而生。知识图谱在规模上的变化也决定了知识图谱从知识获取到知识应用均与传统语义网络存在显著区别。这些区别构成了知识图谱构建与应用的独特挑战，分别论述如下：

a. 高质量模式缺失。提升知识图谱的规模往往会付出质量方面的代价。构建知识图谱的初衷是为了适应开放性环境下的知识需求。为了让更多的知识入库，势必要适当地放宽对于知识质量的要求。知识图谱在设计模式时通常会采取一种"经济、务实"的做法：也就是允许模式（Schema）定义不完善，甚至缺失。模式定义不完善或缺失对知识图谱中的数据语义理解以及数据质量控制提出了挑战。

b. 封闭世界假设不再成立。传统数据库与知识库的应用通常建立在封闭世界假设（Closed World Assumption，CWA）基础之上。CWA 假定数据库或知识库中不存在（或未观察到）的事实即为不成立的事实。也就是说，在这些应用中缺失的事实或知识未必为假。不遵守 CWA 给知识图谱上的应用带来了巨大的挑战[3]。

c. 大规模自动化知识获取成为前提。大规模自动化知识获取的方式是多样的，可以从文本中自动抽取，也可以是基于大规模众包平台的知识标注，还可以是多种方式混合。但不管是哪种具体的实现方式，大规模知识获取都是知识图谱构建所必需的。

3）知识图谱与本体的区别

除了与语义网络的区别外，另一个经常被问及的问题是知识图谱与本体（Ontology）的区别。

本体刻画了人们认知一个领域的基本框架。框架与实例之间的关系好比人的骨骼与血肉之间的关系。没有框架，无法支撑机器对于世界或者某个特定领域的理解，框架是认知的核心与灵魂。但是只有框架没有实例，就好比精神很好但四肢无力，也无法实现机器智能。为机器定义本体，就好比将世界观传递给机器。显然，这一工作需要人类专家完成，这也是人类不可推卸也不愿推卸的责任，因为不希望机器违背认知框架。相比较而言，知识图谱富含的是实体以及关系实例。在建设知识图谱的初期，模式（Schema）定义实质上是在完成本体定义的任务。

2. 知识图谱的广义概念

知识图谱技术发展到今天，其内涵已经远远超出了语义网络的范围，在实际应用中它被赋予了越来越丰富的内涵。如今，在更多实际场景下，知识图谱作为一种技术体系，指代大数据时代知识工程的一系列代表性技术的总和。本书将大数据时代这一新时期的知识工程学科简称为大数据知识工程，这是传统知识工程在大数据时代的延续。"知识工程"是指以开发专家系统（Expert System，又称为 Knowledge-based System）为主要内容，以让机器使用专家知识以及推理能力解决实际问题为主要目标的人工智能子领域。

知识图谱的诞生宣告了知识工程进入大数据时代。知识图谱是大数据知识工程的代表性进展。2017 年我国学科目录做了调整，首次出现了知识图谱学科方向，教育部对于知识图谱这一学科的定位是"大规模知识工程"。需要指出的是，知识图谱技术的发展是一个循序渐进的过程，其学科内涵也在不断发生变化。最近有学者提出大数据知识工程和大知识工程均与知识图谱的发展有着密切的联系。

作为一门学科，知识图谱属于人工智能范畴。在人工智能这个庞大的学科体系中，知识图谱有着非常清晰的学科定位[4]。人工智能的基本目标是让机器具备像人一样理性地思考或者行事的能力。实现人工智能思路众多，符号主义是主流思路之一。在符号主义思潮的引领下，在 Feigenbaum 等人的推动下，知识工程在 20 世纪 70 ~ 80 年代进入快速发展的时期。知识工程在很多领域，尤其是医疗诊断领域，取得了突破性的进展。知识工程的核心内容是建设专家系统，旨在让机器能够利用专家知识以及推理能力解决实际问题。

在整个知识工程的分支下，知识表示是一个非常重要的任务。为了有效应用知识，首先要在计算机系统中合理地表示知识，所以知识表示是发展知识工程最关键的问题之一。而知识表示的一个重要方式就是知识图谱，知识图谱侧重于用关联方式表达实体与概念之间的语义关系。需要强调的是，知识图谱只是知识表示的一种。除了语义网络外，谓词逻辑、产生式规则、本体、框架、决策树、贝叶斯网络、马尔可夫逻辑网等都可以被认为是知识表示的形式。这些知识表示表达了现实世界中各种复杂的语义与逻辑。

1.1.2 知识图谱的分类

在大数据时代，数据与信息过载已经成为一个大问题，而知识作为信息加工提炼后的结晶，是数据与信息中的精华。事实上，对数据与信息的记录往往只是手段，而对知识的获取与传承却是人类社会的根本目标。知识图谱俨然成为大数据时代人类社会知识表达和承载的重要方式，将成为人类"传承"给机器的最宝贵的财富与资产。

1. 知识图谱中的知识分类

首先，可以根据所包含的不同知识对知识图谱进行分类。关于知识的分类一直以来没有定论，对知识图谱所涉及的知识做出清晰而全面的分类，是一件十分困难的事情。本书按照当前典型知识图谱中所涵盖的知识来分类，将其分为事实知识、概念知识、词汇知识和常识知识等四类[5]。

1）事实知识（Factual Knowledge）

事实知识是关于某个特定实体的基本事实，事实知识是知识图谱中最常见的知识类型。大部分事实都是在描述实体的特定属性或者关系。需要说明的是，有些实体的相关事实未必存在典型的属性或者关系与之对应，只能通过复杂的文本来描述。

2）概念知识（Taxonomy Knowledge）

概念知识分为两类：一类是实体与概念之间的类属关系（isA 关系）；另一类是子概念与父概念之间的子类关系（subclassOf）。一个概念可能有子概念也可能有父概念，这使得全体概念构成层级体系。概念之间的层级关系是本体定义中最重要的部分，是构建知识图谱的第一步——模式设计的重要内容。特定领域的概念知识是机器认知领域的基本框架。典型的概念知识图谱（有时简称"概念图谱"）包括 YAGO、Probase、WikiTaxonomy 等。

3）词汇知识（Lexical Knowledge）

词汇知识主要包括实体与词汇之间的关系（比如，实体的命名、称谓、英文名等）以及词汇之间的关系（包括同义关系、反义关系、缩略词关系、上下位词关系等）。一些跨语言知识库（比如 BabelNet）专注于建立实体和概念在不同语言中的描述形式。词汇知识是知识图谱目前在实际应用中已经取得较好效果的一类知识。因为领域语料往往是丰富的，所以从这些语料中自动挖掘领域词汇，建立词汇之间的语义关联以及词汇与实体之间的关联，已经成为构建知识图谱最重要的一步。领域词汇知识也是相对简单的知识，人类学习某个领域往往是从该领域的词汇开始学习的。因此，让机器认知领域词汇是实现机器认知整个领域知识的第一步，典型的此类知识图谱有 WordNet。

4）常识知识（Commonsense Knowledge）

常识是人类通过身体与世界交互而积累的经验与知识，是人们在交流时无须言明就能理解的知识。常识知识的获取是构建知识图谱时的一大难点，常识的表征与定义、常识的获取与理解等问题一直都是人工智能发展的瓶颈问题。常识知识的基本特点是，每个人都知道，所以很少出现在文本里，面向文本的信息抽取方法对于常识获取显得无能为力，典型的常识知识图谱包括 Cyc、ConceptNet 等。

除了上述分类，还有一些知识图谱侧重知识表示的不同维度。首先，很多事实的成立是有时空条件的，有些知识的存在是有时间限制的，必须为这些知识加上时间维度。其次，一些知识含有主观性因素，再次，有些知识关注实体的多模态表示。

2. 知识图谱的领域特性

按照知识图谱中所包含的知识类型对知识图谱分类是最自然的一种分类方式。随着近几年知识图谱技术的进步，其研究与落地日益从通用领域转向特定领域和特定行业[6]，于是就有了领域或行业知识图谱（Domain-specific Knowledge Graph，DKG）。领域知识图谱的范畴再大一些就是行业知识图谱了，比如农业知识图谱。DKG 和通用知识图谱（General-purpose Knowledge Graph，GKG）之间既有显著区别也有十分密切的联系。

DKG 与 GKG 之间的区别是明显的（如表 1-1 所示），体现在知识表示、知识获取和知识应用三个层面。

表 1-1　DKG 与 GKG 的区别

		DKG	GKG
知识表示	广度	窄	宽
	深度	深	浅
	粒度	细	粗
知识获取	质量要求	苛刻	高
	专家参与	重度	轻度
	自动化程度	低	高
知识应用	推理链条	长	短
	应用复杂性	复杂	简单

（1）在知识表示层面的区别可以从广度、深度和粒度这三个维度来考察[7]。从广度来看，GKG 涵盖的范围明显大于 DKG。从深度来看，DKG 通常更深，尤其体现在概念的层级体系上；在电商领域，消费者更关心细分的品类，而不是相对较宽泛的品类。如何表达与处理这些较深层次的概念，对于很多 DKG 应用而言是一个巨大的挑战。层次较深的细粒度概念往往不是基本概念（Basic Concept），这意味着不同人对这些深层次概念有着不同的认知体验，因而会有较大的主观分歧。这是很多人工构建的概念深到一定

层级就很难继续下去的重要原因。此时，比较适合采用数据驱动的自下而上的自动化方法来识别与认知细粒度概念。第三个维度是知识表示的粒度，DKG 通常涵盖细粒度的知识。知识表示是有粒度的，知识的基本单元可以是一个文档，也可以是文章中的段落、法律中的条款、教育资源中的知识点等。传统的知识管理往往以文档为单位组织企业知识资源。司法智能中的司法解释往往需要将知识粒度控制在条款级别；在教育智能化领域，学科的知识点往往是合适的粒度，以知识点为中心组织教学素材和资源是可行的思路。知识表示的粒度也可以细化到知识图谱中的实体与属性级别，或者是逻辑规则中的条件与结果。

（2）在知识获取层面，DKG 对质量往往有着极为苛刻的要求。很多领域应用场景是极为严肃的，对质量的严苛要求自然就意味着在构建 DKG 的过程中专家参与的程度相对较高。需要指出的是，专家的积极干预并不意味着盲目地手动构建，如何应用好人力资源，包括哪些环节让专家参与以及专家参与的具体方式等问题，一直以来就是 DKG 落地中的关键问题。一般而言，期望构建过程尽可能自动化，但是由于对目标图谱有着严苛的质量要求，最终的知识验证过程还要诉诸人力。较多的人工干预决定了 DKG 自动化构建程度相对较低，而构建 GKG 一定要高度自动化，因为 GKG 规模巨大。

（3）在知识应用层面，DKG 的推理链条相对较长，应用相对复杂。原因有两个方面，第一，DKG 相对密集，DKG 相对于 GKG 在单个实体的相关知识覆盖面上有明显优势。也正是基于此，DKG 上的推理链条可以较长。在一个相对稠密的 DKG 上，长距离推理之后的结果仍然可能是有意义的。但是在 GKG 上，由于其相对稀疏，多步推理之后语义漂移（Semantic Drift）严重，其推理结果很容易令人难以理解。所以，GKG 上的推理操作大都是基于上下文的一到两步的推理。第二，DKG 上的计算操作也相对复杂一些，除了深度推理外，领域应用往往会涉及复杂查询、计算和操作；相反，GKG 的查询多为一到两步的邻居查询，相对简单。

GKG 与 DKG 的关系是十分密切的，体现在以下三个方面：

（1）领域知识是通过隐喻或者类比从通用知识发展而来的。在个人成长的早期阶段，人类通过自身身体与世界的交互习得了最基本的常识，特别是关于时间、空间、因果的基本常识。在芯片领域，通常将各种芯片与人体的各种器官相类比：人工智能的芯片就好比人的大脑，通用芯片就好比人的血管，计算芯片就好比人的心脏，这都是典型的隐喻。所以，很多领域知识都是从人类的基本常识和世界知识通过隐喻发展而来的，理解自然语言中的隐喻现象也一直是自然语言处理领域的一个研究热点。

（2）GKG 与 DKG 相互支撑。一方面，GKG 可以给很多 DKG 提供高质量的种子事实，这些种子事实可以用作样本指导抽取模型的训练。另一方面，GKG 可以提供领域模式，在构建 DKG 时，需要花费巨大的精力设计领域模式。虽然 GKG 对于特定领域的实体覆盖率不高，但是通过聚合 GKG 所有相关的信息，就可以得到一个初始模板。后续只需要在初始模板的基础上逐步完善即可。DKG 在建好之后，又可以反哺 GKG。

知识图谱的另一个发展趋势是企业知识图谱（Enterprise Knowledge Graph），由于企业知识图谱是指横贯企业各核心流程的知识图谱。与 GKG 与 DKG 相比，企业知识图谱具有典型的"小、杂、专"的特点。所谓的"小"，是指企业本身的语料或数据规模比特定领域或者开放性领域要小很多。小数据往往意味着样本不足，难以有效训练知识获取模型，这为自动化知识获取带来了巨大的挑战。所谓的"专"，是指每个企业往往有自身的业务特色。所谓的"杂"，是指企业知识图谱所包含的领域众多，一个企业总要涉及人事、财务、生产、市场等业务，各个部门的智能化均对各自领域的知识图谱提出了需求，因此一个企业知识图谱可能要糅杂多个领域知识图谱[9]。总体而言，企业知识图谱还在发展中，其所面临的技术挑战是巨大的。

知识图谱与各领域、各行业、各企业业务的深度融合已经成为一个重要趋势。领域知识图谱、行业知识图谱与企业知识图谱的边界有时也十分模糊[10]。

3. 典型知识图谱

近年来，随着互联网应用需求日益增加，越来越多的知识图谱应运而生。根据开放互联数据联盟（Linked Open Data）的官方数据，截至 2021 年 2 月，共有 1482 个开放互联的知识图谱，加入开放互联数据联盟的知识图谱还在持续增长。

这些常见知识图谱可以从四个维度进行分类：

- 按照是通用还是专用领域可以分为通用知识图谱、领域知识图谱和企业知识图谱。
- 按照构建方式可以分为全自动、半自动以及以人工为主构建的知识图谱。
- 按照语言种类和数量可以分为单语言（比如英语、汉语）和多语言知识图谱。
- 按照知识图谱中的知识类型可以分为概念图谱、百科图谱（涵盖以实体为中心的事实知识）、常识图谱和词汇图谱。

还有一些知识图谱是这些图谱的混合，归为综合知识图谱。此外，OpenIE 的主要目标是抽取基于文本表示的三元组，三元组的每个成分往往是一个短语，因而可以视作词汇图谱在文本上的拓展，将其归为文本图谱。

1.1.3 知识图谱的应用价值

机器认知智能的发展过程本质上是人类脑力不断解放的过程。在工业革命和信息化时代，人类的体力被逐步解放；而随着人工智能技术的发展，尤其是认知智能技术的发展，人类的脑力也将会被逐步解放。越来越多的知识工作将逐步被机器所代替，伴随而来的是机器生产力的进一步提升。基于知识图谱的认知智能的应用广泛而多样，各类应用（包括数据分析、智慧搜索、智能推荐、自然人机交互和决策支持）都对知识图谱提出了需求[11]。

1. 数据分析

大数据的精准与精细分析需要知识图谱。如今，越来越多的行业或者企业积累了规模可观的大数据，但是这些数据并未发挥应有的价值，很多大数据还需要消耗大量的运维成本，导致大数据非但没有创造价值，在很多情况下还成为一笔负资产。这一现象的根本原因在于，当前的机器缺乏诸如知识图谱这样的背景知识，无法准确理解数据，限制了大数据的精准与精细分析，制约了大数据的价值变现。事实上，舆情分析、互联网的商业洞察，还有军事情报分析和商业情报分析，都需要对大数据做精准分析，而这种精准分析必须有强大的背景知识来支撑。

除了大数据的精准分析，数据分析领域另一个重要趋势——精细分析，也对知识图谱和认知智能提出了诉求。它强调对数据的深入挖掘和理解，以获得更详细、准确的洞察和结论，知识图谱和认知智能可以为精细分析提供支持。

2. 智慧搜索

智慧搜索需要知识图谱。智慧搜索体现在很多方面，分别如下。

首先，精准的搜索意图理解。精准的搜索意图理解是指搜索引擎或其他智能系统能够准确地理解用户在搜索意图和需求，从而提供与用户意图最相符合的搜索结果或响应。

其次，搜索对象复杂化、多元化。传统搜索的对象以文本为主，未来越来越多的应用希望能搜索图片和声音，甚至还能搜代码、视频、设计素材等，要求一切皆可搜索。

再次，搜索粒度多元化。现在的搜索不仅要做篇章级的搜索，还希望能做到段落级、语句级、词汇级的搜索。尤其是在传统知识管理领域，这个趋势已经非常明显。传统的知识管理大多只能做到文档级搜索，这种粗粒度的知识管理已经难以满足实际应用中细粒度的知识获取需求。

最后，跨媒体协同搜索。传统搜索以面向单质单源数据的搜索居多，难以满足用户的信息检索需求。比如，针对文本的搜索难以借助视频、图片信息，针对图片的搜索主要还是利用图片自身的信息，对于大量文本信息的利用率还不高。跨媒体的协同搜索需求日益增多，这样一种跨媒体的协同搜索能力将被逐步赋予机器。

所以，未来的趋势是一切皆可搜索，并且搜索必达，为了应对这些挑战，需要建立知识图谱之类的各类知识库。复杂对象的搜索需要建立标签图谱（由标签以及标签之间的关联关系构成的知识图谱）来增强对象的表示。多粒度搜索需要将文档内的知识进行碎片化，建立多层次、多粒度的知识表示。多模态搜索需要建立不同模态数据之间的语义关联，建立多模态知识图谱对于满足这类需求显得日益必要。

3. 智能推荐

智能推荐需要知识图谱，各智能推荐任务均对知识图谱提出了需求。

第一，场景化推荐。事实上，任何搜索关键词都体现着特定的消费意图，很有可能对应到特定的消费场景。建立场景图谱，实现基于场景图谱的精准推荐，对于电商推荐而言至关重要。

第二，冷启动阶段下的推荐。冷启动阶段的推荐一直是传统基于统计行为的推荐方法难以有效解决的问题。利用来自知识图谱的外部知识，特别是关于用户与物品的知识，增强用户与物品的描述，提升匹配精度，是让系统尽快度过冷启动阶段的重要思路。

第三，跨领域推荐。互联网上存在大量的异质平台，实现平台之间的跨领域推荐有着越来越多的应用需求。如果能有效利用知识图谱这类背景知识，不同平台之间的这种表达鸿沟是有可能被跨越的，这样就可以实现跨领域推荐。

第四，知识型的内容推荐。对这些知识的推荐将显著增强用户对于所推荐内容的信任与接受程度。消费行为背后的内容与知识需求将成为推荐的重要考虑因素。显然，将各类知识片段与商品对象建立关联，是实现这类知识型的内容推荐的关键。

4. 自然人机交互

智能系统另一个非常重要的表现形式是自然人机交互，人机交互将会变得越来越自然、越来越简单，越是自然、简单的交互方式越要求机器具备强大的智能。自然人机交互包括自然语言问答、对话、体感交互、表情交互等[12]。自然语言交互的实现要求机器能够理解人类的自然语言，对话式交互（Conversational UI）、问答式（QA）交互将逐步代替传统的关键词搜索式交互。另一个非常重要的趋势是一切皆可问答，自然人机交互的实现需要机器具有较高的认知智能水平，以及具备广泛的背景知识。无论是人机交互过程中的语言理解，还是对于各种类型的媒体内容的理解，都要求机器必须具备强大的背景知识，而知识图谱就是这类背景知识中的重要形式之一。

5. 决策支持

知识图谱为决策支持提供深层关系发现与推理能力，人们越来越不满足于简单关联的发现，而是希望发现和挖掘一些深层、潜藏的关系。知识图谱可以将各种实体之间的关系和属性形成一张图，这张图可以帮助我们深入挖掘数据之间的关联和影响，从而为决策和解决问题提供更加全面和智能化的支持。因此，建立包含各种语义关联的知识图谱，挖掘实体之间的深层关系，已经成为决策分析的重要辅助手段。

1.2 输变电设备知识管理

随着科技的进步、行业的发展，很多企业立足自身的长远规划，从各个方面进行了相应的创新和优化。输变电设备的安全是电网安全、可靠、稳定运行的基础，对电网意义重大；对设备状态进行有效、准确地评估、诊断和预测，可显著提高供电可靠性，并将提升电网运行的智能化水平[13]。电力系统数字化转型方兴未艾，传感技术、通信技术、智能电力装备以及电力系统集成化、智能化技术快速发展，为电网可观性、可控性以及智能化的提升带来巨大机遇。

1.2.1 变电站命名规范

1. 变电站录入规则

以内蒙古电力（集团）有限责任公司内电运 41 号文件《关于规范内蒙古电网厂站及一次设备调度命名编号的通知》的要求为例，规范变电站命名。

2. 变电站命名

1）一般变电站命名

格式：地点名称+"变"。

注意：华北网调调度的 500 kV 变电站按网调命名规范进行命名。

2）开闭变电站命名

格式：地点名称+"开闭站"。

3）集控（运维）变电站命名

集控站（运维）一般不要求写电压等级，因为集控站是一个变电站管理多个子站，所辖各站电压等级并不相同，不能以主站的电压等级进行规定。

格式：地点名称+"集控（运维）站"。

4）铁路牵引变电站命名

格式：地点名称+"牵引站"。

1.2.2 间隔命名及录入规范

1. 间隔录入规则

（1）间隔名称内除 2 个不同意义的数字相连时必须加一个空格分开外，其他情况下禁止使用空格（包括英文字母、数字或数字与罗马数字之间均不得使用空格）。

（2）主变间隔应包括主变压器、各侧避雷器、电压互感器、主变中性点所有设备及本体所有附件。注意：变压器三侧断路器应分别建立单独的断路器间隔，主变间隔和断路器间隔应以隔离开关为界，隔离开关归入断路器间隔。中性点电抗器应归入主变间隔。

（3）母线间隔应包括母线、电压互感器、避雷器及隔离开关、接地开关等设备。

（4）断路器间隔按电压等级不同包括断路器、隔离开关、电流互感器、线路电压互感器、开关柜、电力电缆等。

（5）隔离开关间隔仅适用于母线分段、联络或主变某侧没有断路器，只有隔离开关的情况，有断路器时应列入断路器间隔。

（6）线路间隔适用于 500 kV 站 3/2 接线方式，以及没有断路器的进线情况。500 kV

各出线应单独设立间隔，包括线路电压互感器、避雷器及高压电抗器、阻波器等；500 kV 每个断路器为一个单独的间隔。

（7）并联电容器间隔以户外电缆终端头为界，电容器侧设备全部录入到并联电容器间隔，电缆属于断路器间隔；没有电缆的电容器装置应以-6 隔离开关或-617 接地刀闸为界，-6 隔离开关或-617 接地刀闸归入断路器间隔。间隔内包含"并联电容器装置"。"并联电容器装置"中的"电力电容器""避雷器""电抗器""隔离开关""放电线圈"等作为"并联电容器装置"的附属设备录入。

（8）消弧线圈间隔均以户外电缆终端头为界，电缆属于断路器间隔；没有电缆的消弧线圈装置应以-6 隔离开关或-617 接地刀闸为界，-6 隔离开关或-617 接地刀闸归入断路器间隔。间隔内包含"消弧线圈装置"，"消弧线圈装置"中的"消弧线圈""接地变"等作为"消弧线圈装置"的附属设备录入。

（9）中性点接地电阻间隔包括中性点接地电阻装置、电力电缆（即接地电阻装置至主变中性点刀闸的电缆）。"电阻器""电流互感器"等作为中性点接地装置的附属设备录入。与主变中性点连接的接地刀闸应包含在主变间隔内。

（10）站用变间隔仅适用于外引电源或控制开关是隔离开关（小车）没有断路器的情况。站用变单列一个间隔。有断路器时，应将该站用变纳入断路器间隔；站用交以出线引出时，将该站用变纳入此出线间隔。

（11）GIS 间隔分为出线 GIS 间隔和母线 GIS 间隔。出线 GIS 间隔内包含出线 GIS 设备；母线 GIS 间隔内包含母线 GIS 设备。

（12）HGIS 间隔内包含 HGIS 设备、避雷器、电压互感器。

（13）0.4 kV 站用电间隔包括变电站内所有低压室（低压盘）内设备。

（14）在间隔位置名称命名中，电压等级单位为"千伏"。

（15）按照内蒙古电力（集团）有限责任公司内电运 41 号文件《关于规范内蒙古电网厂站及一次设备调度命名编号的通知》的规定，母线的调度编号采用阿拉伯数字，而一些线路沿用的是旧编码准则，为了保证系统录入台账的准确性，要求系统母线台账信息录入时严格根据母线实际所用调度编码规则录入。

2. 间隔位置名称命名规范

1）主变间隔

规范：电压等级+测度号+"主变间隔"，

2）母线间隔

规范：电压等级+调度号+"母线间隔"。

3）断路器间隔

规范：电压等级+调度号/双重编号+"断路器间隔"。

4）隔离开关间隔

规范：电压等级+调度号+双重编号+"隔离开关间隔"。

5）线路间隔

规范：电压等级+调度号+线路名称+"线路间隔"。

6）并联电容器间隔

规范：电压等级+调度号/双重编号+"并联电容器间隔"。

7）消弧线圈间隔

规范：电压等级+调度号+"消弧线圈间隔"。

8）中性点接地电阻间隔

规范：电压等级+调度号+"中性点接地电阻间隔"。

9）站用变间隔

规范：电压等级+调度号+"站用变间隔"。

10）GIS 间隔

规范：（电压等级）+调度号+"GIS 间隔"。

11）HGIS 间隔

规范：（电压等级）+调度号+"HGIS 间隔"。

12）0.4 kV 站用电间隔

规范：名称唯一。

1.2.3　一次设备命名及录入规范

1. 一次设备录入要求

（1）生产管理信息系统中信息录入齐全，不应有遗漏，具体信息应与实际相符，且满足相关设备技术标准和本规范的要求。

（2）电抗器、电流互感器、电压互感器、避雷器、耦合电容器、穿墙套管、熔断器、阻波器、滤波器和 500 kV 分相式主变分相录入外，其他设备均按不分相录入，相别选择"三相"。

（3）设备命名时应使用规范术语，每个设备名称应具有唯一性。

（4）在设备名称中，电压等级单位为"千伏"。

（5）一次设备命名中禁止使用"#"，若需要使用"#"的时候全部使用"号"。

（6）命名中使用标点符号及字母应使用半角符号（英文标点），符号与其前后的字符之间不应有空格。如"."、"-"、"/"、":"、"（"、"）"等。

（7）电流互感器如果是套管式或内置式，名称必须加上"套管"或"内置"两个字，同一位置有多个电流互感器应该加用途信息，如保护、计量电流互感器。

（8）按照内蒙古电力（集团）有限责任公司内电运 41 号文件的规定，母线的调度编号采用阿拉伯数字，而一些母线沿用的是旧编码准则，为了保证系统录入台账的准确性，要求系统母线台账信息录入时严格根据母线实际所用调度编码规则录入。若母线调度编号按照要求全部修改为阿拉伯数字；则信息录入的调度编码为阿拉伯数字；若母线用的是旧的编码即罗马大写数字，则在信息录入的调度编码为罗马大写数字。

1.2.4 变电一次设备相关信息录入规范

一次设备相关信息包括设备的公共参数和技术参数。公共参数包括设备名称、电压等级、设备型号、生产厂家、出厂日期、投运日期、厂家性质等，技术参数包括使用环境、温度范围、用途分类、绝缘介质等。

1. 变电一次主设备分类规范

（1）主变压器类型：油浸式、干式、SF_6 式。

（2）站用变类型：油浸式、干式、SF_6 式。

（3）接地变类型：油浸式、干式、SF_6 式。

（4）电抗器分类：油浸式、干式、SF_6 式。

（5）断路器类型：多油式、少油式、真空式、SF_6 式。

（6）组合电器类型：气体绝缘金属封闭式开关设备（GIS）、混合气体绝缘开关设备（HGIS）。

（7）电压互感器类型：电容式、电磁式（油浸式、SF_6 式、浇注式）、电子式。

（8）电流互感器分类：油浸式、干式电容式、干式浇注式、SF_6 式、电子式。

（9）避雷器分类：金属氧化物式、碳化硅阀式。

（10）消弧线圈分类：油浸式、干式。

（11）电力电容器分类：集合式、分散构架式。

（12）穿墙套管类型：纯瓷式、复合干式、充气式。

（13）母线类型：支撑式、悬吊式。

（14）避雷针类型：独立式、架构式。

（15）绝缘子类型：支柱式、悬式。

2. 设备生产厂家录入规范

（1）设备生产厂家应严格按照设备铭牌填写；进口产品生产厂家也以铭牌为准，采用英文名称。

（2）设备生产厂家填写时，不应采用常用名称或简称代替，如合肥 ABB 变压器有限公司不能填写为合肥 ABB、ABB（合肥）、合肥 ABB 变压器厂等。

（3）设备生产厂家名称中各个字符的顺序不应颠倒、错误，如特变电工衡阳变压器有限公司不能填写为衡阳特变电工变压器有限公司。

（4）设备生产厂家填写时，不能选用改名后的生产厂家名称，如安徽宏鼎精科互感器有限公司不能填写为安徽宏鼎互感器有限公司。

（5）填写国内生产厂家信息时，"中华人民共和国"或"中国"字段不需要作为设备厂家名称的内容录入，但在填写"厂家性质"时须明确填写"国产"，如铭牌上标示为"中华人民共和国大连北方互感器厂"或"中国大连北方互感器厂"，在设备厂家信息中厂家名称均填录为"大连北方互感器厂"。

（6）设备生产厂家名称不应在设备铭牌标示信息中添加任何内容，包括空格、符号等。

3. 设备型号录入规范

（1）设备型号按照设备实际型号填写，区分大小写，并应使用半角输入法录入。

（2）字符之间不能有空格，原型号中的空格用减号"–"代替。

（3）型号中的数值应为标准单位下的数值，如容量单位（kVA）/电压等级单位（kV）/额定电流单位（A）/额定开断电流单位（kA）。

4. 电压等级录入规范

一次设备的电压等级按照所在线路的电压等级来填写，一次设备的部件按照主设备的电压等级填写，附属设备一般按照设备实际所用电压等级来填写。

1）变压器电压等级规范

a. 变压器的电压等级是指电力变压器高电压侧的额定电压。

b. 站用变、电抗器、电流互感器、电压互感器的电压等级选择额定电压。

2）断路器电压等级规范

a. 断路器的电压等级严格按照设备被安装的地点电压等级来确定。

b. 根据断路器调度编码规则也可以判定出该断路器的电压等级。

一般断路器型号编码规律为：第一个数字表示电压等级，第二/三个数字表示断路器用在什么位置，第三/四个数字表示断路器代表站内同类型设备序列号。注意：500 kV系统开关用四位数字表示，其他电压等级开关用三位数字表示。

断路器调度号开头为1，一般为110 kV，如112断路器、151断路器等。

断路器调度号开头为2，一般为220 kV，如211断路器、242断路器等。

断路器调度号开头为3，一般为35 kV，如线路325、主进311、母联301、电容器330等。

断路器调度号开头为5，一般为500 kV，如5011断路器、5003断路器等。

断路器调度号开头为6，一般为66 kV，如661断路器、612断路器等。

断路器调度号开头为8，一般为20 kV，如851断路器、8911断路器等。

断路器调度号开头为9，一般为10 kV，如901断路器、9103断路器。

建议严格按照设备被安装的地点电压等级来确定。

3）隔离开关（刀闸）的电压等级

a. 隔离开关的电压等级严格按照设备被安装的地点电压等级来确定。

b. 根据隔离开关的调度编码规则也可以判定该隔离开关的电压等级。

一般隔离开关型号的编码规律为："开关编号" + "刀闸代号"。

"开关编号"中第一位表示电压等级：数字 1 表示 110 kV，数字 2 则为 220 kV，数字 3 则为 35 kV，数字 5 则为 500 kV，数字 6 则为 66 kV，数字 9 则为 10 kV。第二/三位表示所属开关编号，第三/四位表示开关序号。

最后一位一般表示开关对应的刀闸的代号：0 表示中性点接地刀闸，1 表示接 1M 号的刀闸，2 表示接 2M 号的刀闸，6 表示线路出线刀闸、主变刀闸，7 表示接地刀闸，8 表示避雷器刀闸，9 表示电压互感器刀闸。

根据编码规律的第一位可以确定隔离开关的电压等级。

4）套管、消弧线圈装置、并联电容器装置、避雷器的电压等级

套管、消弧线圈装置、并联电容器装置、避雷器的电压等级按照设备被安装的地点电压等级来确定。

5. 相别录入规范

500 kV 分相式主变、电抗器、电流互感器、电压互感器、避雷器、耦合电容器、穿墙套管、熔断器、阻波器、滤波器分相录入，录入相别选择"单相"；其他设备均按三相录入，相别选择"三相"。

6. 污区等级

1）污区等级划分

本标准污区等级从轻到重分为 5 个等级：A 级表示非常轻、B 级表示轻、C 级表示中等、D 级表示重、E 级表示非常重。

2）设备污区等级确定

设备污区等级按照设备所在变电站的污区等级来确定，而变电站的污区等级严格按照《内蒙古电力系统污区分布图》来确定。

线路的污区等级按照线路所在区域的污区等级来确定，当线路跨越多个区域时，线路的污区等级按照污染等级最高的污区等级来确定。

7. 技术参数录入规范

（1）技术参数录入时应按照数据类型录入为数字型或字符型。对于有计量单位的参数，需要严格按照指定的单位填写。填写时，英文字符的大小写格式应与相关技术标准规范或技术资料相符，如某种合成绝缘子型号为：FXBW4-220/100。

（2）技术参数录入严格按照《内蒙古电网一次设备技术参数规范》执行。技术参数表中的必填项必须填写正确、完备。

（3）部分技术参数可以参考下面（4）设备通用型号含义进行填写。

（4）设备通用型号含义。设备型号分为设备全型号和设备基本型号，设备全型号包括设备相关的所有特征参数，而设备基本型号仅涉及主要参数。设备通用型号含义是尽量按照全型号说明设备的一些信息。

1.2.5　输电线路台账录入规范

1. 输电线路录入规范

（1）输电主干线台账应在变电站出线间隔下建立，其他输电设备台账应在输电主干线下建立，并遵循下表所示的录入原则进行录入。输电线路录入原则见表1-2。

表1-2　输电线路录入原则

序号	设备类型	录入原则
1	架空线路	不分相整条录入
2	导线	不分相，导线股数为单根导线股数
3	地线	每根地线分别录入
4	杆塔	不分相，对于同塔多回线路每条线均要录入
5	绝缘子	不分相，耐张串，直线串，跳线串选择录入
6	金具	分类别和分位置分别录入
7	拉线	分位置分别录入
8	附属设施	附属设施按位置分别录入

（2）对于拉线金具，系统不需要单独进行设备台账的维护。

（3）杆塔挡距要求在小号侧杆塔录入，即#5杆塔的挡距是#5～#6杆塔之间的挡距。

2. 输电线路命名规范及示例

（1）输电设备台账中线路的命名采用"线路名称+线/回"的方式。

（2）线路名称中的序号采用罗马数字或者阿拉伯数字。示例如下：沙永Ⅰ回、古石T园线。

3. 输电线路主设备/附属设备

1）架空输电线路

① 主部件包括杆塔、基础、金具、导线、地线、拉线、绝缘子。

② 附属设施包括耦合地线、避雷器、避雷针、防坠装置、防舞动装置、防鸟装置、接地挂环、故障标示器、标志牌、清扫环、航巡指示器、航空障碍装置、警示牌等。

2）电缆输电线路

① 主部件包括电缆本体、电缆终端头、电缆中间接头。

② 附属设施包括电缆分支箱、电缆接地箱、电缆交叉互联箱、避雷器、过电压保护器、故障指示器、其他附属设施等。

3）混合输电线路

混合输电线路包括架空段和电缆段。架空段参考架空输电线路设备规范，电缆段参考电缆输电线路设备规范。

4）T线接线

所属同一线路性质上T线接线的接入情况：如果接入了T线，则显示在页面的特定区域中；若没有接入T线则不显示。

5）并架线路

并架线路是指杆塔上并行的两条线路，它们属于同一线路类型。

第 2 章　输电设备基础知识

2.1　输变电设备的概念

输变电设备是指用于电力输送、变压和保护的设备组合。输变电设备在电力系统中起到输送和变换电能作用，负责将发电厂产生的电能传输到不同地区，并通过变电站和变压器进行电压的调整和分配，以供给用户使用。

2.1.1　主要输变电设备

1. 输电线路

输电线路是用于高压电能传输的通道，由高强度的导线构成，通常是铝或铜等导电材料制成的，主要功能就是引导电能实现定向传输，以减少线路损耗。输电线路通常分为直流线路和交流线路。输电线路按其结构可以分为两大类：一类是结构比较简单不外包绝缘的称为电线；另一类是外包特殊绝缘层和铠甲的称为电缆。输变电系统中采用的电缆称为电力电缆，此外，还有供通信用的通信电缆等。

2. 变压器

变压器是利用电磁感应原理对变压器两侧交流电压进行变换的电气设备。为了大幅度地降低电能远距离传输时在输电线路上的电能损耗，发电机发出的电能需要升高电压后再进行远距离传输，而在输电线路的负荷端，输电线路上的高电压只有降低等级后才能便于电力用户使用。电力系统中的电压每改变一次都需要使用变压器。

3. 开关设备

开关设备用于控制、保护和分离电力系统中的各个部分，包括断路器、隔离开关、负荷开关、高压开关等。开关设备能够快速切断或接通电路，以保护设备和人员安全，并实现电力系统的可靠运行。高压开关是一种电气机械，其功能就是完成电路的接通和切断，达到电路的转换、控制和保护的目的，比常用低压开关重要和复杂得多。按照接通及切断电路的能力，高压开关可分为好几类。最简单的是隔离开关，它只能在线路中基本没有电流时，接通或切断电路，它有明显的断开间隙，一看就知道线路是否断开，因此凡是要将设备从线路断开进行检修的地方，都要安装隔离开关以保证安全。断路器也是一种开关，它是开关中较为复杂的一种，既能在正常情况下接通或切断电路，又能在事故下切断或接通电路。除了隔离开关和断路器以外，高压开关还有在电流小于或接近正常时切断或接通电路的负荷开关，电流超过一定值时切断电路的熔断器，以及为了确保高压电气设备检修时安全接地的接地开关等。

4. 绝缘子

绝缘子是一种特殊的绝缘控件，能够在架空输电线路中起到重要作用。绝缘子不应该由于环境和电负荷条件发生变化导致的各种机电应力而失效，否则绝缘子就不会产生重大的作用，会损害整条线路的使用和运行寿命。

5. 保护装置

保护装置用于监测和保护电力系统免受故障和异常状态的影响。它们可以检测电流、电压、频率等参数，并在检测到异常时采取相应的保护措施，如切断电路或触发报警。输变电的保护设备主要有互感器、继电保护装置、避雷器等。

6. 其他电力设备

除了上述设备外，变电站一般还安装有电力电容器和电力电抗器。

1）电力电容器

电力电容器的主要作用是为电力系统提供无功功率，达到节约电能的目的。主要用来给电力系统提供无功功率的电容器，一般称为移相电容器；而安装在变电站输电线路上以补偿输电线路本身无功功率的电容器称为串联电容器，串联电容器可以减少输电线路上的电压损失和功率损耗，而且由于就地提供无功功率，因此可以提高电力系统运行的稳定性。在远距离输电中利用电容器可明显提高输送容量。

2）电力电抗器

电力电抗器与电力电容器的作用正好相反，它主要是吸收无功功率。对于比较长的高压输电线路，由于输电线路对地电容比较大，输电线路本身具有很大的无功功率，而这种无功功率往往正是引起变电站电压升高的根源。在这种情况下安装电力电抗器来吸收无功功率，不仅可限制电压升高，而且可提高输电能力。电力电抗器还有一个很重要的特性，是能抵抗电流的变化，因此也被用来限制电力系统的短路电流。

2.2 输电设备的类型和功能

2.2.1 输电线路的类型和功能

1. 铝合金导线

铝合金导线是一种常用的输电线路导线，主要由铝及一些合金元素组成。铝合金导线具有导电性能好、重量轻、造价相对较低等优点，被广泛应用于中低压输电线路。

2. 钢芯铝绞线

钢芯铝绞线是一种以钢芯为轴心，由铝及其合金周围绞合而成的电力导线。钢芯铝绞线具有强度高、导电性良好、安装方便等特点，适用于大跨度、重载、冰区和沿海区域的输电线路。

3. 导线绞缆

导线绞缆是一种由多股细铜导线绞合而成的电力导线。导线绞缆具有结构紧凑、可靠性强等优点，被广泛应用于城市配电网、机场、码头等场所。

4. 复合电缆

复合电缆又称为光缆或光纤缆，是一种由多个绝缘材料、导线及光缆组成的电力线路。复合电缆具有传输速度快、抗干扰性能强等优点，适用于高速电信、广播电视、智能交通等领域。

2.2.2 电力变压器的类型和功能

各种类型发电厂用的升压变压器、输电线路中的各级变压器、电力负荷中心的各级降压变压器、发电厂内的各种用途的厂用变压器、联络两种不同电压的输供电网络的联络变压器、将电压降低到电气设备工作电压的配电变压器等统称为电力变压器。

电力变压器可分为：单相变压器、三相变压器、双绕组变压器、三绕组变压器、多绕组变压器、发电机变压器、升压变压器、降压变压器、联络变压器、自耦变压器、有载调压变压器、无励磁调压变压器、发电厂用变压器、分裂变压器、组合式变压器、现场组装式变压器和配电变压器等。

2.2.3 开关设备的类型及功能

1. 高压断路器

断路器是指能开断、关合和承载运行线路的正常电流，并能在规定时间内承载、关合和开断规定的异常电流（如短路电流）的电气设备，通常称为开关。

高压断路器（或称高压开关）不仅可以切断或闭合高压电路中的空载电流和负荷电流，而且当系统发生故障时通过继电器保护装置的作用，切断过负荷电流和短路电流，它具有相当完善的灭弧结构和足够的断流能力，可分为：油断路器（多油断路器、少油断路器）、六氟化硫断路器（SF_6 断路器）、真空断路器、压缩空气断路器等。

根据不同分类标准，断路器有以下类型：

根据灭弧原理：自动产气、磁吹、多油、少油、压缩空气、真空和六氧化硫等类型；按操作方式分：有电动操作、储能操作和手动操作；按结构分：有万能式和塑壳式；按使用类别分：有选择型和非选择型；按灭弧介质分：有油浸式、真式和空气式；按动作速度分：有快速型和普通型；按极数分：有单极、二极、三极等；按安装方式分：有插入式、固定式和抽屉式等；按使用范围分为：有高压断路器和低压断路器。

2. 隔离开关

隔离开关在电路中的作用是：隔离电源，以确保电路和设备维修的安全。隔离开关在电力系统中的作用保证装置中检修部分与带电体间的隔离，有明显的断开点，用隔离开关进行电路的切换工作或关合空载电路。

根据不同分类标准，隔离开关有以下类型：

按装设地点可分为户内式和户外式；按极数可分为单极和三极；按绝缘支柱数目可分为单柱式、双柱式和三柱式；按动作方式可分为闸刀式、旋转式、插入式；按有无接地刀闸可分为带接地刀闸和不带接地刀闸；按操动机构可分为手动式、电动式、液压式。

3. 负荷开关

负荷开关是指能在正常工作状态下关合和切断负载电流、励磁电流、充电电流和电容器组电流，用于控制电力变压器的开关电器。

负荷开关按其灭弧方式可分为产气式负荷开关、压气式负荷开关、真空负荷开关、SF_6 负荷开关。

1）产气式负荷开关

利用固体产气材料在电弧作用下产生气体来进行灭弧的负荷开关，属于自能灭弧方式。在产气式灭弧室中，灭弧材料气化形成局部高压力电弧受到强烈吹弧和冷却作用，产生去游离使电弧熄灭。当电流较小时，主要靠产气壁冷却效应或电动力驱使电弧运动，拉长并熄灭电弧。

2）压气式负荷开关

利用活塞和气缸在开断过程中相对运动将空气压缩，再利用被压缩的空气而熄弧的负荷开关。

3）真空负荷开关

利用真空灭弧室作为灭弧装置的负荷开关。其断电流大，适宜于频繁操作。

4）SF6 负荷开关

利用 SF6 气体作为绝缘和灭弧介质的负荷开关。在城市电网和农村电网中已大量使用。

4. 接地开关

作为检修时保证人身安全，用于接地的一种机械装置。在电气设备进行检修时，对于可能送至停电设备的各个方向或停电设备可能产生感应电压的都要合上接地开关（或挂上接地线），这是为了防止检修人员在停电设备（或停电工作点）工作时突然来电，确保检修人员人身安全的可靠安全措施。

（1）接地开关的功能：

① 检修线路时的正常工作接地；② 切合静电、电磁感应电流；③ 关合短路电流。

（2）接地开关的类型：

① 接地开关按结构形式可分为敞开式和封闭式两种。

② 接地开关根据其所安装位置要求的不同，分为检修接地开关（ES）和故障快速关合接地开关（FES）两类。

a. 检修接地开关（ES）用来接地或开断的开关设备。

b. 故障快速关合接地开关（FES）具有关合短路电流及开合感应电流的能力，由电动弹簧机构操纵。

5. 熔断器

熔断器串联在电路中使用，安装在被保护设备或线路的电源侧。当电路中发生过负荷或短路时，熔体被过负荷或短路电流加热，并在被保护设备的温度未达到破坏其绝缘之前熔断，使电路断开，设备得到了保护。常见的熔断器有高压熔断器和低压熔断器，在输变电系统中常用高压熔断器。

2.2.4 绝缘子的类型及功能

绝缘子是一种特殊的绝缘控件，能够在架空输电线路中起到重要作用。绝缘子不应该由于环境和电负荷条件发生变化导致的各种机电应力而失效，否则绝缘子就不会产生重大的作用，就会损害整条线路的使用和运行寿命。

1. 绝缘子按照使用电压等级不同，可分为低压绝缘子和高压绝缘子

高压绝缘子是指用于支撑或悬挂高电压导体，用于高压、超高压架空输电线路和变电所，起对地隔离作用的一种特殊绝缘件。低压绝缘子是指用于低压配电线路和通信线路的绝缘子。

2. 绝缘子按安装方式不同，可分为悬式绝缘子和支柱绝缘子

悬式绝缘子安装在电力线路的杆塔或支架上，电缆或导线悬挂在绝缘子下方。悬式绝缘子能够承受较大的机械应力，适用于高压和超高压线路中，其设计使其在面对恶劣天气条件时，仍能保持良好的绝缘性能，广泛应用于长距离输电线路中。

支柱绝缘子安装在电力设备的支柱上，用于支撑低压或中压线路。支柱绝缘子一般承受的机械应力较小，常见于配电线路和变电站中。其结构设计便于设备的操作和维护，同时能够确保电力系统在正常运行中的安全性和稳定性。

2.2.5 保护装置的类型和功能

1. 互感器

互感器的主要功能是将变电站高电压导线对地电压或流过高电压导线的电流按照

一定的比例转换为低电压和小电流，从而实现对变电站高电压导线对地电压和流过高电压导线的电流的有效测量。

互感器分为电压互感器和电流互感器两大类。电压互感器可在高压和超高压的电力系统中用于电压和功率的测量等。电流互感器可用在交换电流的测量、交换电度的测量和电力拖动线路中的保护。

2. 继电保护装置

继电保护装置是电力系统重要的安全保护系统。它根据互感器以及其他一些测量设备反映的情况，决定需要将电力系统的哪些部分切除和哪些部分投入。虽然继电保护装置很小，只能在低电压下工作，但它却在整个电力系统安全运行中发挥重要作用。

2.2.6　其他电力设备的类型和功能

1. 电力电容器

电力电容器的主要作用是为电力系统提供无功功率，达到节约电能的目的。主要用来给电力系统提供无功功率的电容器，一般称为移相电容器；而安装在变电站输电线路上以补偿输电线路本身无功功率的电容器称为串联电容器，串联电容器可以减少输电线路上的电压损失和功率损耗，而且由于就地提供无功功率，因此可以提高电力系统运行的稳定性。在远距离输电中利用电容器可明显提高输送容量。

2. 电力电抗器

电力电抗器与电力电容器的作用正好相反，它主要是吸收无功功率。电力电抗器还有一个很重要的特性，那就是能抵抗电流的变化，因此它也被用来限制电力系统的短路电流。

2.3　输电设备的基本工作原理

2.3.1　变压器的工作原理

变压器是一种静止的实现电磁转换的电气设备，连接在输电线路或不同电压等级的输变电系统中，利用电磁感应原理，以相同的频率改变电压和电流，将电能从一个电网输送到其他电网，实现电能的传输和分配。变压器一次绕组首先将接收到的电能转化为磁能，然后再由二次绕组（包括第三绕组及其他绕组）将接收到的磁能转化成电能，一次绕组与二次绕组（或其他绕组）之间没有电气连接（除自耦连接外），只有磁的耦合（自耦连接仍然有部分磁的耦合）。

2.3.2　开关设备工作原理

1. 断路器工作原理

基本型电路断路器的工作原理是电流能磁化电磁体，电磁体产生的磁力随电流的增强而增强，当电流增大到危险水平时，电磁体产生的磁力也相应增大，拉动与开关联动装置相连的金属杆，使开关断开，从而中断电流，保护电路。

2. 隔离开关工作原理

隔离开关本身的工作原理及结构比较简单，具有明显开断点，有足够的绝缘能力，用以保证人身和设备的安全。但没有专门的灭弧装置，只能通断较小的电流，而不能开断负荷电流，更不能开断短路电流。

3. 负荷开关工作原理

负荷开关的原理基于电磁感应和热效应。当控制模块接收到外部信号后，会通过电磁感应产生对开关模块的控制力，使其实现通断控制。同时，负荷开关还会监测电路的工作状态，一旦发生过载、短路等故障，保护模块会通过热效应切断电源，以保护电路和设备的安全运行。控制模块接收到外部信号后，通过电磁感应产生对开关模块的控制力；开关模块根据控制模块的控制力，实现对电路的通断控制；同时，负荷开关还会监测电路的工作状态，一旦发生故障，保护模块会立即切断电源；当故障排除后，负荷开关会自动恢复正常工作状态，重新接通电源。

4. 接地开关工作原理

接地开关是种用于保护电路和设备安全的重要电气装置。它的工作原理可以简单描述为：通过与地连接或断开连接，来确保电路中的电流能够顺利地流向地，以达到保护人身安全和防止电气设备损坏的目的。

接地开关是通过闭合或断开电路来实现电流的流向地，以保护人身安全和防止电气设备损坏。其重要性不可忽视，应在电气设计和安装中给予足够的重视。通过正确使用和维护接地开关，可以提高电路和设备的安全性，确保电力系统的稳定运行。

5. 熔断器工作原理

熔断器串联在电路中使用，利用金属导体作为熔体串联于电路中，当过载或短路电流通过熔体时，因其自身发热而熔断，从而分断电路，安装在被保护设备或线路的电源侧。当电路中发生过负荷或短路时，熔体被过负荷或短路电流加热，并在被保护设备的温度未达到破坏其绝缘之前熔断，使电路断开，设备得到了保护。熔体熔化时间的长短，取决于熔体熔点的高低和所通过的电流的大小。熔体材料的熔点越高，熔体熔化就越慢，熔断时间就越长。熔体熔断电流和熔断时间之间呈现反时限特性，即电流越大，熔断时间就越短，其关系曲线称为熔断器的保护特性，也称安秒特性

熔断器是利用过载或短路电流将熔体熔断后，再依靠灭弧介质熄灭电弧以开断电路的电器。熔断器承担着保护电气设备和电网的重要任务，并且限制了不可避免的事故发生，并确保了用户供电安全。

2.3.3　绝缘子工作原理

绝缘子是安装在不同电位的导体或导体与接地构件之间，能够耐受电压和机械应力作用的器件。绝缘子种类繁多，形状各异，不同类型的绝缘子结构和外形虽有较大差别，但都是由绝缘件和连接金具两大部分组成的。

绝缘子是一种特殊的绝缘控件，在架空输电线路中起到重要作用，早年间绝缘子多用于电线杆，慢慢应用至多处应用场景。例如高型高压电线连接塔绝缘子通常由玻璃或陶瓷制成，能够增加爬电矩离，守护电力传输的安全。

2.3.4　保护装置工作原理

1. 互感器工作原理

互感器是电力系统中一次系统和二次系统之间的联络元件，将一次回路中的高电压和大电流降低，分别向测量仪表、继电器的电压线圈和电流线圈供电，正确反映电气设备的正常运行和故障情况。保护用电流互感器（或电流互感器的保护绕组）：在电网故障状态下，向继电保护等装置提供电网故障电流信息。电压互感器也是根据电磁感应原理工作，变压器变换的是电压目的主要是用来给测量仪表和继电保护装置供电，用来测量线路的电压、功率和电能，或者用来在线路发生故障时保护线路中的贵重设备、电机和变压器。

2. 继电保护装置工作原理

继电保护装置由以下部件组成：A、取样单元——它将被保护的电力系统运行中的物理量（参数）经过电气隔离并转换为继电保护装置中比较鉴别单元可以接收的信号，由一台或几台传感器如电流、电压互感器组成。B、比较鉴别单元——包括给定单元，由取样单元来的信号与给定信号比较，以便下一级处理单元发出何种信号。（正常状态、异常状态或故障状态）比较鉴别单元可由 4 只电流继电器组成，2 只为速断保护，另外 2 只为过电流保护。电流继电器的整定值即为给定单元，电流继电器的电流线圈则接收取样单元（电流互感器）来的电流信号，当电流信号达到电流整定值时，电流继电器动作，通过其接点向下一级处理单元发出使断路器最终掉闸的信号；若电流信号小于整定值，则电流继电器不动作，传向下级单元的信号也不动作。鉴别比较信号"速断"、"过电流"的信息传送到下一单元处理。C、处理单元——接受比较鉴别单元来的信号，按比较鉴别单元的要求进行处理，根据比较环节输出量的大小、性质、组合方式出现的先后顺序，来确定保护装置是否应该动作；由时间继电器、中间继电器等构成。电流保护：速断——中间继电器动作，过电流——时间继电器动作。（延时过程）D、执行单元——故障的处理通过执行单元来实施。执行单元一般分两类：一类是声、光信号继电器；（如电笛、电铃、闪光信号灯等）另一类为断路器的操作机构的分闸线圈，使断路器分闸。E、控制及操作电源——继电保护装置要求有自己独立的交流或直流电源，而且电源功率也因所控制设备的多少而增减；交流电压一般为 22 V，功率 1 kV·A 以上。

3. 避雷器工作原理

避雷器是一种专用的防雷设备，主要用来保护电力设备。变电站主要采用避雷针及避雷器两种防雷措施。避雷针的作用是不使雷直接击打在电气设备上，利用其高出被保护物的突出地位，把雷电流引向自身，然后通过引下线和接地装置把雷电流泄入大地，使被保护物免受雷击。避雷器主要安装在变电站输电线路的进出端，当来自输电线路的雷电波的电压超过一定幅值时，它就首先动作，把部分雷电流经避雷器及接地网泄放到大地中，从而起到保护电气设备的作用。

4. 电抗器的工作原理

在电力系统发生短路并产生短流电路时，电抗器就会通过自身的电降压来维持电力系统的稳定。220 kV、110 kV、35 kV、10 kV 电网中的电抗器用于吸收电缆线路的充电容性无功功率。可以通过调整并联电抗器的数量来调整运行电压。超高压并联电抗器有改善电力系统无功功率有关运行状况的多种功能，主要包括：① 轻空载或轻负荷线路上的电容效应，以降低工频暂态过电压。② 改善长输电线路上的电压分布。③ 使轻负荷时线路中的无功功率尽可能就地平衡，防止无功功率不合理流动同时也减轻了线路上的功率损失。④ 在大机组与系统并列时降低高压母线上工频稳态电压，便于发电机同期并列。⑤ 防止发电机带长线路可能出现的自励磁谐振现象。⑥ 当采用电抗器中性点经小电抗接装置时，还可用小电抗器补偿线路相间及相地电容，以加速潜供电流自动熄灭。

由于电力系统中大量使用电力电子器件，直流用电，变频用电等，产生了大量的谐波，使得看似简单的问题变得复杂了。当谐波较小时，可以用谐波抑制器；但系统中的谐波较高时，就要用串联电抗器以放大谐波电流。电抗率为 4.5% ~ 7%滤波电抗器，用于抑制电网中 5 次及以上谐波；电抗率为 12% ~ 13%滤波电抗器，用于抑制电网中 3 次及以上谐波。电抗器装于柜内，应加装通风设备散热。电抗器能在额定电压的 1.35 倍下长期运行，常用电抗器的电抗率种类有 4.5%、5%、6%、7%、12%、13%等。电抗器有三相、单相之分，三相电抗器任二相电抗值之差不大于+3%，可用于 400 V 或 600 V 系统。电抗器噪声等级要求不大于 50 dB，耐温等级 H 级以上。

第 3 章 知识的管理和知识图谱基础

3.1 知识图谱的定义和特征

目前，知识图谱在学术界还没有统一的定义。通常来说，知识图谱支持从语义角度组织网络数据，从而提供智能搜索服务的知识库。从这个意义上讲，知识图谱是一种比较通用的语义知识的形式化描述框架，它用节点表示语义符号，用边表示符号之间的语义关系。在计算机世界中，节点和边的符号通过"符号具化（Symbol Grounding）"表征物理世界和认知世界中的对象，并作为不同个体对认知世界中的信息和知识进行描述和交换的桥梁。这种统一形式的知识描述框架便于知识的分享与利用。

支持高效知识推理和语义计算的大规模知识系统。具体来说，知识图谱以结构化三元组的形式存储现实世界中的概念、实体以及实体之间的关系，表示为 $g = (\varepsilon, R, S)$，其中 $\varepsilon = \{e_1, e_2, \cdots, e_{|k|}\}$，表示实体集合（这里的实体包含抽象概念和具体实体），$R = \{r_1, r_2, \cdots, r_{|R|}\}$ 表示关系集合，$S = \varepsilon \times \varepsilon \times R$ 表示知识图谱中三元组的集合。三元组通常描述了一个特定领域中的语义知识，由头实体、尾实体和描述这两个实体之间的关系组成。

其中关系也称为属性，相应地，尾实体被称为属性值；属性包括对象属性（Object Property，其属性值为实体）和文字属性（Literal Property/Datatype Property，其属性值为数值、日期、字符串等文字）。从图结构的角度看，实体是知识图谱中的节点，关系是连接两个节点的有向边。

尽管以二元关系为基础，以三元组为基本组成单元的知识描述方法是目前知识图谱的主要表达形式，其具有：① 语义表达能力丰富；② 描述形式统一；③ 表示方法对人类友好；④ 便于知识自动获取；⑤ 便于计算机系统存储、检索和语义计算等优点，但是，也必须清醒地认识到，这远远不是知识图谱的完整图景，更不是知识工程发展的终点。一方面，传统知识工程对多元知识、框架结构、场景脚本等知识进行过深入研究，但是，当前知识图谱依然没有很好地刻画这些更丰富的知识类型和结构，真实应用中涉及复杂结构的知识内容依然难以使用当前三元组形式进行描述。另一方面，人们的认知过程涉及不同类型的知识，例如：语言知识、世界知识、领域知识、常识等；还涉及不同层次的知识，例如：陈述性知识、过程性知识、规则性知识等。为了更好地赋能应用系统，知识图谱需要涵盖上述多类型、多层次的知识。更重要的是，作为一个知识系统，知识图谱还必须具有演化的能力。关于知识图谱的上述种种问题和不足之处需要学术界和产业界共同攻克，这也同时意味着知识图谱领域具有更加广阔的发展潜力。

知识图谱按照用途主要可分为通用知识图谱和垂直领域知识图谱两类。

（1）通用知识图谱。通用知识图谱主要面向大众，拥有各个领域的大量实体关系，建立各行各业通用性数据之间的关系。通用知识图谱主要用于提高搜索引擎的效率面向对象为普通用户，所以相比于垂直领域知识图谱更注重知识的横向涵盖范围而不注重知识的深度与精度。代表性的通用知识图谱有 Freebase 和 Wikidata。

（2）垂直领域知识图谱。面向某一特定的行业，存储实体数量较少但实体间关系得到充分完备地建立。垂直领域知识图谱的内容面向的对象都是某个行业的相关人员，所以相对于通用领域知识图谱更强调内容的纵向深入度和整体性。代表性的垂直领域知识图谱有 GeoNames 和 Palantir。

知识图谱包含以下三个特点：

（1）高效率：关系数据库查询时是通过表，对已存储的海量数据进行优化查询；而知识图谱的查找模式为从三元组中查找需要的内容。对于多跳查找时，知识图谱的联系和推理性优于关系数据库的 Join 操作，所以查询效率会大大提升。

（2）结构化：关系数据库要求严格结构化，一个表通常为多表关系，保证数据的结构。而知识图谱使用三元组，模式灵活，支持半结构化。

（3）扩展性：关系数据库扩展时，需在表上添加属性，还得更新相关索引。

3.2　知识获取和标准化

知识获取的目标是从海量的文本数据中通过信息抽取的方式获取知识，其方法根据所处理数据源的不同而不同。这里介绍的数据源通常指百科知识图谱的数据源，垂直领域的数据源为各自领域的文本数据。

知识图谱中数据的主要来源有各种形式的结构化数据、半结构化数据和非结构化文本数据（纯文本）。从结构化和半结构化的数据源中抽取知识是工业界常用的技术手段，这类数据源的信息抽取方法相对简单，而且数据噪声少，经过人工过滤后能够得到高质量的结构化三元组。学术界主要集中在非结构化文本中实体的识别和实体之间关系的抽取，它涉及自然语言分析和处理技术，难度较大。因为互联网上更多的信息都是以非结构化文本的形式存在，而非结构化文本的信息抽取能够为知识图谱提供大量较高质量的三元组事实，因此它是构建知识图谱的核心技术。

知识获取可以包括信息抽取和知识抽取，知识、知识库、知识获取、信息抽取、知识抽取等概念逐层递进，形象地展示了知识库作为人类认知、掌握知识和计算机智能获取、处理、认知能力的桥梁。知识获取强调进行计算机可理解的知识的活动，信息抽取更多的是借助自然语言处理技术进行知识发现和进一步的知识处理工作，而知识抽取则以现有的知识为研究对象，根据特定的数据模式获得特定的知识组织形式。因此，知识或信息的抽取是通过对自然语言处理、知识工程、大数据技术、机器学习等技术的交叉组合来实现的。

3.3　关系抽取与事件抽取

3.3.1　关系抽取

关系抽取（Relation Extraction）是抽取出实体之间的语义关系，作用是连接文本中的实体并与实体一起表达出文本中的含义。其中语义关系是指隐藏在句法结构后面由词语的语义范畴建立起来的关系。关系抽取方法有两种基于规则模板的抽取方法，一种是基于触发词的规则目标关系抽取，另外一种是基于依存句法的关系抽取。

有监督的关系抽取一般有机器学习和深度学习方法，抽取流程又有管道（Pipeline）方法和实体关系联合抽取方法。Pipeline 方法为先抽取实体再抽取关系，由于两个抽取流程为串联的，存在误差传播问题。关系联合抽取方法正是为了克服这种误差传播而设计出来的，其抽取效果往往优于 Pipeline 方法。词嵌入（Word Embedding）方法与预训练模型（BERT）的提出使得深度学习在关系抽取任务中的应用渐渐成为主流，在关系抽取效果上优于机器学习方法。基于监督方法的关系抽取模型训练数据往往需要耗费大量的人力，而弱监督的关系抽取模型目的是减少构建标注数据所耗费的人力并充分利用已有的无标记数据。Bootstrapping 方法是一种典型弱监督抽取方法，采用少量实例作为初始种子集合，在种子集合上学习获得关系抽取的模板，再利用模板抽取更多的实例，加入种子集合中并不断迭代，直至获得足够的数据。有监督的关系抽取一般有实体抽取和关系抽取两步，后一步关系抽取也称为关系分类，需要人们预先确定好所有的关系类型。在现实中的抽取数据中，人们无法预知所有的实体关系类型，无监督关系抽取方法是为了抽取这些潜在的实体关系而设计的。

1. 基于模式的抽取

基于模式的关系抽取通过定义关系在文本中表达的字符、语法或者语义模式，将模式与文本的匹配作为主要手段，来实现关系实例的获取。对于已知关系，依据其在文本中的表达方式构造相关模式，这样就可以进一步地通过模式匹配抽取出关系实例，从而实现关系抽取。关系抽取所使用的模式按照复杂程度或表达能力分为以下几类：基于字符的模式、基于语法的模式和基于语义的模式。

1）基于字符模式的抽取

最直接的方式是将自然语言视作字符序列，构造字符模式，实现抽取。表达特定关系的字符模式通常被表示为一组正则表达式，随后通过对输入的文本进行匹配，即可实现关系抽取。这类方法需要为每个待抽取的关系构造相应的正则表达式，但是，在实际应用时，这类方法由于需要耗费大量的人工来定制合理的字符模式，难以适用于广泛而多样的文本。

2）基于语法模式的抽取

通过引入文本所包含的语法信息（包括词法和句法等）来描述抽取模式，可以显著增强模式的表达能力，进而提升抽取模式的准确率和召回率。

相比于单纯的字符模式，语法模式表达能力更强，同时仍能保证模式匹配的正确性。语法模式仅仅依赖人类的语法知识，大部分人都可以轻易构造此类模式，因此语法模式的获取代价相对较低。语法模式也普遍存在于各类语言中，适用于各种不同类型的文本。

3）基于语义模式的抽取

语法模式通过引入词性标签等信息增强了描述能力，但是语法模式仍然是一种相对粗糙的描述，在抽取过程中仍容易引入错误。需要进一步增强对模式的描述。优化语法模式的一种重要手段就是引入语义元素（如概念）。近年来，大量的知识图谱与知识库，特别是 WordNet 以及 Probase 等概念图谱，逐渐完善成熟。这些知识图谱和知识库提供了丰富的概念以及概念的实例，这使得将概念引入模式的描述中且定义基于概念约束的模式成为可能。

概念的引入可以更精准地表达模式适配的范围，从而增强模式的描述能力。语义模式所匹配的实例发生语义漂移的可能性因此而大大降低，提高了抽取准确率。

基于概念的语义模式描述精细，可以实现高精度抽取。但是基于概念的语义模式依赖较完善的概念图谱，而且专家定义这类模式的代价仍然较大，因此也可以考虑自动学习得到这类语义模式，从而降低构造模式的代价。近年来，随着概念图谱的应用日益广泛，语义模式在实际应用中也越来越重要。

4）自动化模式获取：自举法

自动化模式获取通常通过自举法（Boot stapping）算法框架来实现。考虑某个特定类型的关系实例的获取任务，自举法的基本思想为：为该关系类型标注少量初始种子实体对，找到实体对在文本语料库中所出现的句子集合，基于这些句子提取表达关系的模式（模式提取），然后使用新发现的模式去语料中抽取新的实体对（实例抽取）。上述模式提取+实例抽取的过程循环迭代，直至不再发现新的关系实例。这个过程也被称为"滚雪球"（Snowball）。基于自举法的关系抽取流程如图 3-1 所示。

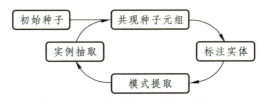

图 3-1　基于自举法的关系抽取流程

基于自举法的关系抽取得到了广泛研究，代表性的工作成果包括 DIPRE 系统、Snowball 系统以及 KnowltAII 系统等。自举法的一个重要研究问题是质量控制。一方面，模式有可能发生语义漂移，导致抽取错误。另一方面，这类系统多着眼于提升抽取的召回率，因此倾向于使用来自互联网的海量语料作为抽取来源，而互联网语料中的噪声为抽取的质量控制带来了困难。此外，多数系统都需要额外的 NLP 工具，这可能导致工具引入的错误被传播到后续的知识抽取环节，从而造成错误累积。总体而言，这些系统各有优缺点，基于自举法的抽取仍有很大的改进空间。

2. 基于学习的抽取

基于学习的关系抽取主要分为：基于监督学习的关系抽取、基于弱监督学习的关系抽取和基于远程监督学习的关系抽取。基于监督学习的关系抽取适用于存在大规模标注数据的情形。一般而言，人工标注成本极高，因此很难扩展到大规模关系抽取任务中。为了克服这一瓶颈，研究人员提出了基于半监督学习和远程监督学习的关系抽取方法。半监督学习关系抽取只需要少量的标注数据，同时利用大量未标注样本实现关系抽取。自举法也可以视作一类半监督学习方法。远程监督学习关系抽取本质上是一种快速构建训练集的弱监督学习方法。远程监督学习将文本语料库和知识库对齐，从而获得给定关系的有噪标注样本。

值得注意的是，从模型角度而言，无论是监督学习还是远程监督学习，都可以采用序列标注模型或者分类模型来实现。但序列标注模型更适用于实体识别与关系抽取的联合任务。通过对句子中的每个单词进行标注，从而识别出句子中的实体以及实体对之间的关系。例如，在文献中，每个词的标注结果由三部分组成：

（1）是否是实体；

（2）关系类型，如果该词是一个实体，则进一步标注相应的实体类型；

（3）实体角色，也就是实体在三元组中是头实体还是尾实体。

在给定实体位置的条件下，通常采用分类模型进行建模。因此，接下来主要介绍基于分类的关系抽取算法。

1）基于监督学习的关系抽取

基于监督学习的关系抽取基于标注样本来训练抽取模型。以关系分类为例，需要预先为每个关系类别标注足量的训练样本。传统的基于监督学习的关系抽取根据其所使用的分类模型可分为：基于核函数的方法、基于逻辑回归的方法、基于向法解析增强的方法和基于条件随机场的方法。传统基于监督学习的关系抽取流程如图 3-2 所示。具体来说，给定训练样本（包括实体对、包含实体对的句子以及相应的关系标签），先对句子进行预处理，如句法分析、词性分析，然后将预处理的结果直接输入分类模型（如核函数、逻辑回归模型等）来构建关系分类模型。

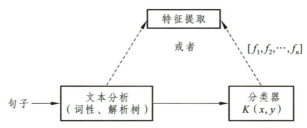

图 3-2　传统的基于监督学习的关系抽取流程

在基于监督学习的关系抽取中，核心问题是如何从标注样本中抽取有效的特征。大多数传统工作主要致力于句子特征的抽取，而分类器通常采用支持向量机（SVM）、逻辑回归等经典分类模型。关系抽取的有效特征依赖于实体对上下文中的各种词法、句法、语义等信息。在部分相关工作中，通过引入背景知识来增强实体的表示，从而提高模型的性能。下面给出关系抽取模型中的常用特征。

① 词汇特征。

词汇特征主要指实体对之间或周围的特定词汇，这些背景词在语义上能够帮助判断实体对的关系类别。例如，在文献中，主要的词汇特征包括以下几个方面。

a. 两个实体之间的词袋信息。

b. 上述词袋的词性标注。

c. 实体对在句子中出现的顺序信息。

d. 以左实体为中心开设的大小为 k 的窗口，其中所包含的词袋及其词性标注信息。

e. 与 d 类似，但是左实体换成了右实体。

② 句法特征。

除了词汇特征，句法特征对于关系抽取也十分重要。在实际应用中，经包法解析所得的实体对之间的最短依赖路径被广泛使用。通过依存分析器，如 MINIPAR 或 Stanford Parser 等，可获得句子的句法解析结果。依存分析的结果包括词汇集合以及词汇之间的有向语法依赖关系。

③ 语义特征。

除了词汇特征和句法特征，实体类型等语义特征也十分重要。关系两边的类型通常被作为候选实体对的匹配约束。

2）基于远程监督学习的关系抽取

基于监督学习的关系抽取往往需要昂贵的人工标注数据，这在大规模关系抽取中很难实现。在 2009 年，Mintz 等人首次提出将远程监督学习的思想用于关系抽取。远程监督学习属于弱监督学习的一种，即利用外部知识对目标任务实现间接监督。在信息抽取领域，Snow 等人利用 WordNet 间接指导了上下位（isA）关系的实体对的抽取，这一工作是基于远程监督学习的关系抽取的雏形。远程监督学习也与生物信息学中使用弱标记数据的过程类似。

① 远程监督学习的基本过程。

远程监督学习的基本假设是：给定一个三元组<s，r，o>，则任何包含实体对（s，o）的句子都在某种程度上描述了该实体对之间的关系。因此，可以将包含实体对的句子作为正例。通过比对大规模知识库[14]中的三元组和海量文本，可以为目标关系自动标注大规模语料，进而采用基于监督学习的关系抽取实现关系抽取。远程监督学习为某个关系自动标注样本的过程如下。

步骤 1：从知识库（如 Freebase）中为目标关系识别尽可能多的实体对。

步骤 2：对于每个实体对，利用实体链接从大规模文本中抽取提及该实体对的句子集合，并为每个句子标注相应的关系。

步骤 3：包含实体对的句子集合和关系类型标签构成了关系抽取的数据集，即实体对的训练数据为相应的句子，标签为知识库中的关系类型。

② 远程监督学习中的噪声问题。

值得注意的是，基于远程监督学习构造自动训练集会引入很多噪声，即很多没有表达目标关系的句子会被错误地标注为该关系。

如何降低噪声对模型的影响是远程监督学习的关系抽取的重要研究问题之一。解决这一问题的基本思路是，对标注数据进行甄别与筛选。在基于深度学习的模型框架下，常使用注意力机制对标注样本进行选择，下文将进一步阐述该方法。此外，还可以采用额外的模型对样本进行质量评估，从而挑选出高质量的样本并用于构建关系抽取模型。例如，采用强化学习的思路来训练一个策略选择器去选择高质量的样本，其基本思想是：如果策略选择器选择的样本子集能使关系分类模型在训练集上取得较高的准确率，则认定该策略选择器是一个好的策略选择器。策略选择器和关系分类器通过迭代训练获得性能提升，具体步骤为：首先利用策略选择器选择样本，然后基于这些样本训练关系分类模型，将模型对这些样本预测的置信度作为策略的奖励分数，该分数将作为策略选择器的质量评估指标更新策略选择器，更新后的策略选择器用于选择新的样本进一步优化关系分类模型的训练，依此迭代，直至策略选择器样本选择不再变化。

3）基于深度学习的关系抽取

传统的关系分类模型需要耗费大量的人力去设计特征，很难适用于大规模的关系抽取任务。此外，很多隐性特征也难以显式定义。基于深度学习的关系抽取能够自动学习有效特征。基于深度学习的关系抽取的关键在于输入的有效表示与特征提取。关于字、词、句的表示。深度神经网络模型通常具有较多参数，因需要大量有标注数据。远程监督学习恰好可以提供大规模标注数据，因此常与深度神经网络模型联合使用。但是远程监督学习标注的样本仍然存在噪声问题，因此需要有效的样本选择机制。为此，下面也会介绍较流行的基于注意力机制的样本选择方法。

4）基于循环神经网络的关系抽取

循环神经网络（Recurrent Neural Network，RNN）是一种常见的用于序列数据建模的模型。在这里介绍一种使用 RNN 建模句子的关系抽取方法。其模型结构包括输入层（Input Layer）、双向循环层（Recument Layer）和池化层（Pooling Layer）。输入层自在将输入句子的每个词变换为词向量。接下来将详细介绍后两层的结构。

a. 双向循环层。给定句中单词的向量表示，使用一个双向的 RNN 对句子进行建模。对于 t 时刻，RNN 接收来自当前的词向量 e_t 和上一时刻（t-1 时刻）的网络输出 h_{t-1}^{fw}，即前向传播过程。

$$h_t^{\text{fw}} = \tanh\left(W_{\text{fw}} e_t + U_{\text{fw}} h_{t-1}^{\text{fw}} + b_{\text{fw}}\right) \tag{3-1}$$

其中，$h_t^{\text{fw}} \in R^M$ 是 RNN 在 t 时刻的输出，$W_{\text{fw}} \in R^{M \times D}$、$U_{\text{fw}} \in R^{M \times D}$、$b_{\text{fw}} \in R^M$ 是模型待学习的参数。公式（3-1）采用反正切函数 tanh 完成非线性映射。

单向 RNN 的潜在问题在于，当预测句子中间部分的语义时，不能充分利用未来单词的信息。为了更准确地捕捉句子的语义，一般采用双向 RNN 来学习句子的语义。与上面的前向传播相反，在 t 时刻，可以利用 t 之后的信息来更新当前的输出，即：

$$h_t^{\text{bw}} = \tanh\left(W_{\text{bw}} e_t + U_{\text{bw}} h_{t+1}^{\text{bw}} + b_{\text{bw}}\right) \tag{3-2}$$

其中，h_t^{bw} 是反向 RNN 在当前位置的输出，$W_{\text{bw}} \in R^{M \times D}$、$U_{\text{bw}} \in R^{M \times D}$、$b_{\text{bw}} \in R^M$ 是模型待学习的参数。为了同时捕捉前向和后向序列的特征，可以将 h_t^{fw} 和 h_t^{bw} 合并，得到双向 RNN 在 t 时刻的输出，即：

$$h_t = h_t^{\text{fw}} + h_t^{\text{bw}} \tag{3-3}$$

通过这种方式，得到了 RNN 每个时刻的输出 $\{h_t, t = 1, 2, \cdots, T\}$。其中，$T$ 为句子序列的长度。

b. 池化层。通过实验发现，对于关系抽取任务，不是所有的特征 $\{h_t\}$ 都有正面作用。一个可能的原因是，训练句子通常是十分冗余和复杂的，往往只有极少一部分特征对于关系抽取有作用。因此，希望采用池化操作从 $\{h_t, t = 1, 2, \cdots, T\}$ 中提取出最有用的特征。定义矩阵 $H = [h_1, \cdots, h_T] \in R^{M \times T}$，则池化操作考虑在 H 的每一行提取出最大的元素，即：

$$m_i = \max\{h_i\}, \ i = 1, \cdots, M \tag{3-4}$$

最终得到的池化结果为 $m = [m_1, \cdots, m_M]^T \in R^M$。对于每一个训练句子，通过双向 RNN 获取其特征向量 m。采用一个全连接层网络后接 Softmax 函数，即可得到每个关系的概率，即：

$$P\left(r_i \mid s; W_0, b_0\right) = \frac{\exp\left(\left(W_0 m + b_0\right)_i\right)}{\sum_{k=1}^{n_r} \exp\left(\left(W_0 m + b_0\right)_k\right)} \tag{3-5}$$

其中，n_r 为训练集中的关系数量，$W_0 \in R^{n_r \times M}$，$b_0 \in R^{n_r}$ 是分类器待学习的参数。假定该模

型中所有参数的集合为 θ，则基于上述定义的分类器，基于双向 RNN 的目标函数为：

$$L(\theta) = \sum_{n \in N} -\log P\left(r^{(n)} \mid s^{(n)}, \theta\right) \qquad （3-6）$$

其中，上标 n 表示训练集中的第 n 个样本，$s^{(n)}$ 为第 n 个样本的句子，$r^{(n)}$ 为对应的关系标签。目标函数中的参数可以通过随机梯度下降等方法来学习。

5）基于卷积神经网络的关系抽取

卷积神经网络（Convolutional Neural Networks，CNN）在图像处理（如目标检测、图像识别与分类等）领域取得了极大的成功[15]。近年来，卷积神经网络在自然语言语句建模与表示方面也涌现出不少成功案例。基于卷积神经网络的关系抽取的主要思想是：使用卷积神经网络对输入语句进行编码，基于编码结果并使用全连接层结合激活函数对实体对的关系进行分类。

位置向量。除了词向量外，位置向量对于关系抽取也十分重要。位置向量旨在记录句中不同词与实体对之间的位置关系。位置信息有助于帮助网络跟踪输入句子中每个单词与实体对的距离。其基本思想是：离实体越近的单词通常包含越多的对于关系分类有用的信息。

卷积神经网络的输入是矩阵 X，采用标准的一维卷积网络结构。假定卷积核（滤波器）的维度为 $l \times d$。为了计算卷积操作，需要对输入的 Embedding 矩阵进行窗口截取。根据滤波器的维度，窗口大小为 t。第 i 个窗口可以表示为：

$$q_i = w_{i:i+l-1} \in \mathbb{R}^{l \times d} \qquad (1 \leqslant i \leqslant m-l+1) \qquad （3-7）$$

在卷积神经网络中，由 d_c 个卷积核组成的集合可以表示为一个张量 $W \in \mathbb{R}^{d_c(d \times l)}$，则第 k 个卷积核 W_k 对第 i 个窗口作用的结果计算如下：

$$p_{k,i} = f(W_k q_i + b) \in \mathbb{R} \qquad （3-8）$$

其中，f 为激活函数，如反正切函数。通过对所有的窗口 $(1 \leqslant i \leqslant m-l+1)$ 进行计算，第 k 个卷积核输出的结果为 $p_k = [p_{k,1}, \cdots, p_{k,m-l+1}]^T \in \mathbb{R}^{m-l+1}$。通过最大池化操作（MaxPooling），选择 p_k 的最大值，即 $p_{k,\max} = \max(p_k)$。对 d_c 个卷积核的输出结果分别做最大池化操作，并将输出结果拼接起来，经过非线性变换，得到句子的表示为 $x \in \mathbb{R}^{d_c}$。给定实体对的句子，预测实体对的关系的概率则可以建模为：

$$O = Mx + d, \quad P(r \mid x, \theta) = \frac{\exp(O_r)}{\sum_{k=1}^{n_r} \exp(O_k)} \qquad （3-9）$$

其中 M 为待学习的权重矩阵，d 为待学习的偏置项，O_k 表示 O 中的第 k 个元素，n_r 为关系类别的数量。使用交叉熵作为损失函数，则训练模型的目标函数为：

$$loss = -\sum_{n=1}^{N} \log P\left(r^{(n)} \mid x^{(n)}, \theta\right) \qquad (3\text{-}10)$$

其中，N 为训练集的样本数，$x^{(n)}$ 为第 n 个样本的句子表示，$r^{(n)}$ 为第 n 个样本的关系标签。

6）基于注意力机制的关系抽取

如前面所述，基于远程监督学习构建的训练集通常有较大的噪声。因此，在使用深度神经网络模型时，需要对噪声予以特别处理。接下来介绍一种基于句子级别的注意力机制（Attention）的关系抽取方法。该方法的主要思路是：为实体对的每个句子赋予一个权重，权重越大表明该句子表达目标关系的程度越高，反之则越可能是噪声。基于句子级别的注意力机制的句袋建模思路如图 3-3 所示。

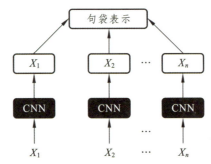

图 3-3　基于句子级别的注意力机制的"句袋"建模思路

在图 3-3 中，首先使用卷积神经网络为每个句子编码，得到句子的表示 $\{x_1, x_2, \cdots, x_n\}$。然后计算句子 x_i 对于关系抽取的重要性：

$$e_i = x_i A r, \alpha_i = \frac{\exp(e_i)}{\sum_k \exp(e_k)}, s = \sum_i \alpha_i x_i \qquad (3\text{-}11)$$

其中，r 是刻画关系抽取任务的特征向量，该向量通常由模型学习得到；A 为待学习的权重矩阵；而句子集合的最终向量表示为 s。基于 s，后续关系分类函数和模型损失函数与"基于卷积神经网络的关系抽取"部分完全相同。也就是直接在公式（3-9）和（3-10）中将 x 替换为 s 即可。

3. 开放关系抽取

主流的关系抽取方法通常需要预定义关系类别，然后才能抽取满足给定关系类别的实体对。但是在现实世界中，关系的种类复杂多样，难以穷举。因此，研究人员提出了开放关系抽取（也称开放信息抽取，即 OpenIE）从自然语言文本中抽取出三元组形式的关系实例。其输入为自然语言语料，输出则是由文本表示的关系主体、关系短语与关系客体的三元组，形如<关系主体（arg1），关系短语（rel），关系客体（arg2）>。其中关系主体和关系客体通常为对应实体的名词短语。相比于其他的抽取方法，OpenIE 抽取出的关系不限于预定义的关系类型，而是文本中可能出现的所有关系实例。OpenIE 本质上可以理解为一种基于浅层语法分析的文本结构化任务。

OpenIE 的概念是由华盛顿大学的图灵中心提出的。他们的成果包括 TextRunner、ReVerb 以及 Ollie 等多种有代表性的 OpenIE 系统。Banko 等人在 2007 年构建 TextRunner 系统的同时，也提出了 OpenIE 需要满足的三个特点，这些特点也是后续设计 OpenIE 系统的主要依据。

① 自动化（Automation）。OpenIE 采用无监督学习的抽取策略，无须标注样本，也无须预先指定目标关系。此外，用于训练模型的人工定义的种子实例或自定义模式必须尽可能的少，以减少人工劳动。

② 语料异质性（Corpus Heterogeneity）。OpenIE 系统的输入是大量的非结构化文本，不同来源的文本聚合所形成的语料具有鲜明的异质性特点。语料异质性成为语言分析工具（如依存句法分析、语义分析）的主要障碍。一个好的 OpenIE 系统必须尽可能地克服语料异质性所带来的挑战。

③ 效率（Efficiency）。由于开放信息抽取通常运行在大规模文本上，从上述描述可以看出，提出 OpenIE 的初衷在于显著提升文本结构化的召回率。OpenIE 通常是面向大规模互联网文本开展的结构化任务，需要应对互联网文本语料所带来的大规模、开放性、异质性的挑战。OpenIE 系统必须足够高效，无须监督，同时也允许结果相对粗糙（实体与关系描述非规范化），这样才能应对这些挑战。

1）TextRunner

TextRunner 系统采取了一种自监督（Self-Supervised）的学习框架，包含三个核心模块：自动化语料标注与分类器学习、文本抽取以及三元组评分计算。

① 自动化语料标注与分类器学习

系统首先从数据集中抽取一小部分句子作为启动数据。随后，使用依存路径分析得到这些启动数据中所有可能作为实体的名词短语，并对每个名词短语对通过依存句法树中的路径找到潜在的关系短语，从而得到可能的三元组。最终根据启发式规则（比如，单纯的代词不能够作为实体，实体间的依存路径不能过长，实体间的依存路径不能跨越子句），将这些三元组标记为正例或负例。

最后，利用这些自动标注的样本，根据样本的词性标注以及名词短语划分等浅层特征，训练一个朴素贝叶斯分类器。

② 文本抽取

首先基于较轻量化的语法分析手段，识别出文本中关系主体和关系客体所对应的名词短语，将文本中出现在两个名词短语之间的其他短语作为可能的候选关系。随后，使用在上一个模块中训练得到的分类器对这些三元组进行初步筛选，从而得到大量候选三元组。

③ 三元组评分

该模块首先会对候选三元组中语义相同的三元组进行合并。很多候选三元组往往仅在关系短语部分存在微小差别，因而可以进行合并。在对同义的三元组进行合并后，统计各个三元组在整个语料中以不同形式出现的频次，频次越大的三元组越有可能是正确的抽取，根据此思路计算各三元组的置信度评分，并最终选取得分较高的三元组作为最终抽取的结果。

2）ReVerb

TextRunner 系统虽然有效地实现了开放关系抽取，但仍然存在一些问题：

- 抽取出的三元组的关系短语损失了细节信息。
- 抽取出的三元组的关系有错误且不连贯。

为了解决这些问题，ReVerb 系统在 2011 年被提出。ReVerb 通过引入基于词性的句法约束，对上述两类问题中出现的低质量关系短语进行过滤，以解决这两类问题。

图 3-4 给出了 ReVerb 系统中对关系短语的句法约束。在 ReVerb 系统中，首先通过句法分析等手段抽取出可能的关系短语，然后基于图 3-4 的规则对关系短语进行限制，筛选满足规则的最长短语作为三元组中的关系短语，过于具体的关系描述不可能有太多匹配的实例，从而可以被筛除。

$$V|VP|VW*P$$
$$V = verb\ particle?adv?$$
$$W = (noun|adj|adv|pron|det)$$
$$P = (prep|particle|inf.marker)$$

图 3-4　ReVerb 系统中对关系短语的句法约束

ReVerb 系统在实现了对低质量三元组谓词的过滤的同时，也实现了对较具体的关系短语的支持。确定高质量关系短语后再进行抽取的思路使 ReVerb 系统在准确率和召回率上均有较大的进步。

3）Ollie

虽然 ReVerb 系统提升了关系短语的质量，但也带来了较多的局限性。首先，ReVerb 系统难以处理不包含动词的关系短语；其次，ReVerb 系统无法识别需要满足前提条件的关系。

为此，研究人员提出了 Ollie 系统方法，其本质是基于依存解析路径（Dependency Parse Paths）的自举法学习。Ollie 系统利用依存树的信息来定位三元组的前提条件，从而识别需要前提条件的三元组。同时，基于自举法，它使用 ReVerb 系统得到的高质量种子三元组在语料中进行迭代，找出不包含动词的关系模式，实现对不含动词的关系短语的抽取。

为实现上述思路，Ollie 系统引入了一种新的包含依存路径的模式，如 "{argl}↑nsubj↑{rel：postag=VBD}↓+dobj↓{arg2}"，它表示关系主体 argl 为关系短语的名词主语

（nsubj），关系短语 rel 本身为被动形式的动词（postag=VBD），而关系客体 arg2 为关系短语的直接宾语（dobj）。但凡匹配这一模式的文本即可抽取出形如<arg1，rel，arg2>的三元组。这类模式拓展了关系短语的句法范围，增加了对不包含动词的关系短语（如"beco-founderof"）的支持，克服了 ReVerb 系统无法抽取不含动词的关系的缺陷。

总的来说，Ollie 系统首先利用自举法从语料库中挖掘出更多与 ReVerb 系统的种子模式同义的新模式（如不包含动词的关系短语的模式）。在抽取的过程中，通过使用这些学习出来的模式对文本进行匹配，并利用其上下文及依存树进行分析并筛选（处理需要条件的三元组），这样就能够最终得到新的关系三元组。

3.3.2　事件抽取

事件是指发生的事情，通常具有时间、地点、参与者等属性。事件的发生可能是因为一个动作的产生或者系统状态的改变。事件抽取是指从自然语言文本中抽取出用户感兴趣的事件信息，并以结构化的形式呈现出来，例如事件发生的时间、地点、发生原因、参与者等。

一般地，事件抽取任务包含的子任务有：

- 识别事件触发词及事件类型；
- 抽取事件元素的同时判断其角色；
- 抽出描述事件的词组或句子；
- 事件属性标注；
- 事件共指消解。

已有的事件抽取方法可以分为流水线方法和联合抽取方法两大类。

1. 事件抽取的流水线方法

流水线方法将事件抽取任务分解为一系列基于分类的子任务，包括事件识别、元素抽取、属性分类和可报告性判别；每一个子任务由一个机器学习分类器负责实施。一个基本的事件抽取流水线需要的分类器包括：

（1）事件触发词分类器，判断词汇是否为事件触发词，并基于触发词信息对事件类别进行分类。

（2）元素分类器，判断词组是否为事件的元素。

（3）元素角色分类器，判定事件元素的角色类别。

（4）属性分类器，判定事件的属性。

（5）可报告性分类器，判定是否存在值得报告的事件实例。

表 3-2 列出了在事件抽取过程中，触发词分类和元素分类常用的分类特征。各个阶段的分类器可以采用机器学习算法中的不同分类器，例如最大熵模型、支持向量机等。

表 3-2　触发词分类和元素分类常用的分类特征

分类特征		特征说明
触发词分类	词汇	触发词和上下文单词的词块和词性标签
	字典	触发词列表、同义词字典
	句法	触发词在句法树中的深度
		触发词到句法树根节点的路径
		由触发词的父节点展开的词组结构
		触发词的词组类型
	实体	句法上距离触发词最近的实体的类型
		句子中距离触发词物理距离最近的实体的类型
元素分类	事件类型和触发词	触发词的词块
		事件类型和子类型
	实体	实体类型和子类型
		实体提及的词干
	上下文	候选元素的上下文单词
	句法	扩展触发词父节点的词组结构
		实体和触发词的相对位置（前或后）
		实体到触发词的最短路径
		句法树中实体到触发词的最短长度

2. 事件的联合抽取方式

事件抽取的流水线方法在每个子任务阶段都有可能存在误差，这种误差会从前面的环节逐步传播到后面的环节，从而导致误差不断累积，使得事件抽取的性能急剧衰减。为了解决这一问题，一些研究工作提出了事件的联合抽取方法。在联合抽取方法中，事件的所有相关信息会通过一个模型同时抽取出来。一般地，联合事件抽取方法可以采用联合推断或联合建模的方法，如图 3-5 所示。联合推断方法首先建立事件抽取子任务的模型，然后将各个模型的目标函数进行组合，形成联合推断的目标函数，通过对联合目标函数进行优化，获得事件抽取各个子任务的结果。联合建模的方法在充分分析子任务间的关系后，基于概率图模型进行联合建模，获得事件抽取的总体结果。

具有代表性的联合建模方法是联合事件抽取模型。该模型将事件触发词、元素抽取的局部特征和捕获任务之间关联的结构特征结合进行事件抽取。在图 3-6 所示的事件触发词和事件元素示例中，"fired"是袭击（Attack）事件的触发词，但是由于该词本身具有歧义性，流水线方法中的局部分类器很容易将其错误分类；但是，如果考虑到"tank"很可能是袭击事件的工具（Instrument）元素，那么就比较容易判断"fired"触发的是袭击事件。此外，在流水线方法中，局部的分类器也不能捕获"fired"和"died"之间的依赖关系。为了克服局部分类器的不足，新的联合抽取模型在使用大量局部特征的基础上，增加了若干全局特征。例如，在图 3-6 的句子中，事件死亡（Die）和事件（Attack）的提及"died"和"fired"共享了三个参数；基于这种情况，可以定义形如图 3-7 所示的事件抽取全局特征。这类全局特征可以从整体的结构中学习得到，从而使用全局的信息来提升局部的预测。联合抽取模型将事件抽取问题转换成结构预测问题，并使用集束搜索方法进行求解。

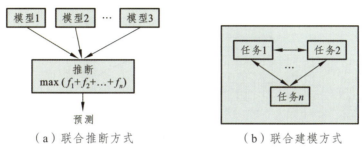

（a）联合推断方式　　　　　　　　（b）联合建模方式

图 3-5　联合事件抽取方式

图 3-6　事件触发词和事件元素示例

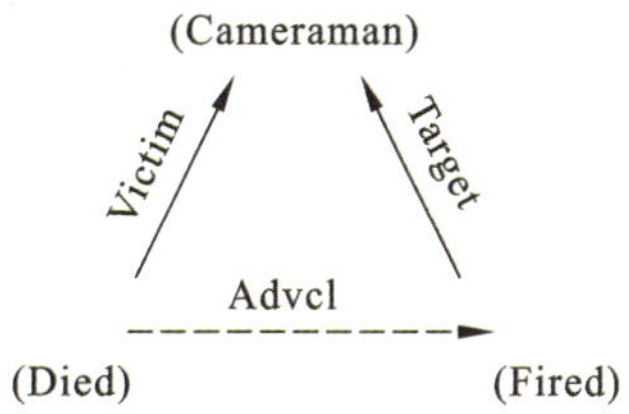

图 3-7　事件抽取全局特征

在事件抽取任务上，同样有一些基于深度学习的方法被提出。传统的事件抽取方法通常需要借助外部的自然语言处理工具和大量的人工设计的特征；与之相比，深度学习方法具有以下优势：

- 减少了对外部工具的依赖，甚至不依赖外部工具，可以构建端到端的系统；
- 使用词向量作为输入，词向量蕴涵了丰富的语义信息；
- 神经网络具有自动提取句子特征的能力，避免了人工设计特征的烦琐工作。

图 3-8 展示了一个基于动态多池化卷积神经网络的事件抽取模型。模型总体包含词向量学习、词汇级特征抽取、句子级特征抽取和分类器输出四个部分。其中，词向量学习通过无监督方式学习词的向量表示；词汇级特征抽取基于词的向量表示获取事件抽取相关的词汇线索；句子级特征抽取通过动态多池化卷积神经网络获取句子的语义组合特征；分类器输出产生事件元素的角色类别。在 ACE2005 英文数据集上的实验表明，该模型获得了优于传统方法和其他 CNN 方法的结果。

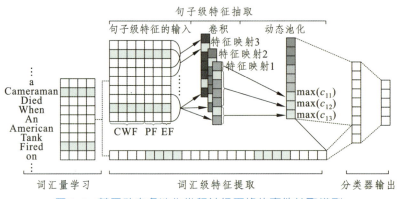

图 3-8 基于动态多池化卷积神经网络的事件抽取模型

3.4 知识图谱的构建

3.4.1 概念图谱的构建

1. 概 述

概念图谱（Concept Graph）是一类专注于实体与概念之间的 isA 关系的知识图谱。从认知和语言两个角度，概念图谱可以分为概念层级体系（Taxonomy）以及词汇概念层级体系（Lexical Taxonomy）。

概念层级体系包含三种元素：实体、概念和 isA 关系，如在 isA 关系"apple is A fruit"中，apple 是实体，fruit 是概念。isA 关系又可以细分为实体与概念之间的 instanceOf 关系以及概念之间的 subclassOf 关系。前者，如"dog is Aanimal"（狗是一种动物）表达的是实体与概念之间的关系；后者，如"fruit is Afood"（水果是一种食物）表达的是概念之间的关系，其中水果是子概念，食物是父概念。任何实体或者概念总要通过语言表达，因此实际应用中通常使用词汇概念层级体系，其中的节点是没有经过消歧的词。词汇概念层级体系中的基本关系是词汇之间的上下位关系（Hypernym-Hyponym，上下位关系）。比如，"apple is Afruit"，apple 是 fuit 的下位词（Hyponym），fruit 是 apple 的上位词（Hypernym）。在词汇概念层级体系中，"apple"只是一个词汇，在很多情况下并不严格区分其语义，因此 apple 同时具有"公司"和"水果"两个上位词。表 3-3 对比了这些术语之间的关系。

表 3-3 概念层级体系与词汇概念层级体系的区别

概念图谱	图中的节点	边	结构
概念层级体系（Taxonomy），面向认知	概念与实体，如公司、动物	实体与概念之间的 instanceOf 关系：子概念与父概念之间的 subclassOf 关系，两类关系统称为 isA 关系	有严格的层级结构，有向无环图
词汇概念层级体系（LexicalTaxonony），面向语言	自然语言描述的实体与概念，如"苹果"（可能指种水果，也可能指一家公司）	上下位关系（Hypernym-Hyponym）	有粗略的层级结构，可能由于歧义而存在环

一般而言，概念层级体系是一个有向无环图（Directed Acyclic Graph，DAG），其中的 isA 关系都是由较具体的实体（或概念）指向较抽象的概念的。然而，在词汇概念层级体系中，由于自然语言中存在大量的歧义词汇，一个词可能同时具有具体的含义或者抽象的含义。例如，"word"本身是一个抽象的概念，但当它表示文字处理软件时，它指的又是一个具体的实体。在专家手工构建的经过语义消歧的词汇概念层级体系中，比如在 WordNet 中，每个节点都指代一个具体语义，不会产生问题。然而，在用自动化方法构建的大规模的词汇概念层级体系中，对于数千万的词汇进行准确的语义消歧则非常困难。因此，大规模的词汇概念层级体系（比如 Probase）中的节点都是没有经过消歧的词，自动化构建的且未经过语义消歧的词汇概念层级体系往往只有粗略的层级结果，并非严格的 DAG。

1）常见的概念图谱

在人工智能发展的早期，人们就已经意识到概念的重要性，并开展过一系列概念获取、概念知识库构建的工作。时至今日，有大量的概念图谱，并且它们在各种应用中发挥着积极的作用。大部分概念图谱是公开、可用的，这些概念图谱的对比见表 3-4。

表 3-4 公开的概念图谱的对比

概念图谱作者	作者	实体	概念	isA 关系数	准确度	权重
WordNet（英文）	普林斯顿认知科学实验室	—	117659	84428	100%	无
WikiTaxonomy	欧洲媒体实验室	121359	76808	105418	85%	无
Probase（英文）	微软亚洲实验室	10390064	2653872	16285393	92%	有
大词林（中文）	哈尔滨工业大学	9000000	70000	10000000	90%	无
CN-Probase	复旦大学	15066667	270025	32925306	95%	无

① WordNet。

WordNet 是普林斯顿认知科学实验室于 1985 年开始创建的英文词典，旨在从心理语言学角度建立英文词汇基本语义关系的实用模型。其目的在于通过概念来帮助用户获取语义知识。WordNet 用单词的常见拼写来表示词形，用同义词词集（Synset）来表示词义。WordNet 包含两种类型的关系：第一种是词汇关系，这种关系存在于词形之间；第二种是语义关系，这种关系存在于词义之间。WordNet 利用词义而不是词形来组织词汇。同时，WordNet 还包含同义（Synonymy）、反义（Antonymy）、上下位（Hypernym-Hyponym）和整体-部分（Whole-Part）关系等多种语义关系。WordNet 将所有英文词汇分成五类：名词、动词、形容词、副词和功能词。截至 2018 年，它包含大约 155287 个单词（117659 个词义或同义词集）。如图 3-9 所示为 WordNet 中部分名词的同义词词集，其中的边表达上下位关系，比如 car 的第一个词义 car.n.01 的上位词是 motor_vehicle.n.01。

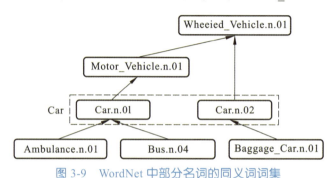

图 3-9　WordNet 中部分名词的同义词词集
（其中 n 表示词性为名词，n 右边的数字标号是该词的词义序号）

② WikiTaxonomy。

2008 年，Ponzeto 和 Smube 提出 WikiTaxonomy 概念图谱，将抽取出的 isA 知识以 RDF 形式表示。具体来说，WikiTaxonomy 从 127325 个类和 267707 个链接中产生了 105418 条 isA 关系，其准确度达到了 85%。

③ Probase。

Probase 目标为从网页数据和搜索记录数据中构造出一个统一的分类知识体系。Probase 是从 16 亿个网页中用 Hearst 模式进行自动抽取构造而成的。Probase 早期版本包含 1600 万条 isA 关系，准确度达到了 92%，并且每条关系皆含有频数，表示该关系在语料中出现的次数，如表 3-5 所示。这些频数对于刻画实体或概念的典型性具有重要意义。Probase 经过扩容后更名为 Microsoft Concept Graph，现已包含超过 500 万个概念，1200 多万个实例和 8000 多万条 isA 关系。

表 3-5　Probase 示例

实体	isA	概念	频数
Google	isA	Company	7816
Basketball	isA	Sport	6423
Apple	isA	Fruit	6315
Microsoft	isA	Company	6189

④ 大词林。

大词林是哈尔滨工业大学社会计算与信息检索研究中心构建的中文概念图谱，大词林是基于弱监督框架自动构建而成的。大词林对每个实体分别从搜索引擎的结果、百科页面和实体名称的形态这三个数据源中获取上下位关系，然后通过排序模块对实体的上位词进行排序。

⑤ CN-Probase。

CN-Probase 是由复旦大学知识工场实验室研发并维护的大规模中文概念图谱，其 isA 关系的准确率在 95%以上。与其他概念图谱相比，CN-Probase 具有两个显著优点：第一，规模巨大，基本涵盖常见的中文实体和概念，包含约 1700 万个实体、27 万个概念和近 3300 万条 isA 关系；第二，严格按照实体进行组织，有利于精准理解实体的概念。

2. isA 关系抽取

知识图谱的规模和质量是构建知识图谱的重要因素，对于概念图谱也不例外。人工构建的概念图谱（如 WordNet）质量精良，已经在很多领域得以应用并得到检验，但是人工构建的概念图谱规模有限。概念图谱对于实体和概念的覆盖率直接决定了其能否胜任自然语言中海量实体和概念的理解任务。另外，大规模文本中也蕴含着丰富的 isA 关系。因此，从大规模文本中自动抽取 isA 关系进而构建大规模概念图谱是可能的。如何确保自动化构建的大规模概念图谱的准确率？这是整个自动化构建中的核心命题。

isA 关系的抽取是构建概念图谱的核心，isA 关系抽取的方法分为三种：基于模式（Pattern）的方法、基于在线百科的方法以及基于词向量的方法。

基于词向量的方法将词汇表中的单词或短语映射到向量空间，基于向量运算发现上下位关系。研究人员发现词向量能够保持上下位关系，比如，"vec（虾）-vec（对虾）"约等于"vec（鱼）-vec（金鱼）"，其中 vec（x）是 x 的词向量。因此，可以寻找合适的向量变换 Φ，使得对于已观察到的任意一对"x isA y"都有 $\Phi x \approx y$。基于变换 Φ，若要判断 a 是否具有上位词 b，只需要判断 $\Phi a \approx b$ 即可。这类方法思路简单，但是由于向量化过程损失了知识图谱中原有的语义信息，因此直接使用向量推断 isA 关系的效果比较有限，准确率一般在 80%左右。一般而言，需要在基于向量推断的基础上辅以其他证据，才能进行 isA 关系的准确推断，进而完成概念图谱的构建。基于模式的方法从大规模语料中使用模式抽取 isA 关系，所得到的概念图谱往往规模较大。例如，Probase 包含千万级别的实体和百万级别的概念，是规模较大的英文概念图谱。

基于在线百科的方法则利用高质量的在线百科对实体与概念之间的关系进行重构和组织，生成的概念图谱通常具有较高的精度。英文概念图谱 YAGO 和中文概念图谱 CN-Probase 都是基于在线百科的方法构建的，它们的准确率都在 95%以上。

下文将主要介绍基于模式的方法和基于在线百科的方法，它们是目前在实际中使用较多的方法。

1）基于在线百科的方法

基于在线百科的方法主要是从百科网站的标签系统中抽取出概念之间的 isA 关系。标签系统用于组织百科网站上的所有实体，为构建概念图谱提供了理想的数据来源。只需从标签系统中筛选出高质量的概念，并建立起概念之间的层级关系，就能将用户自发贡献的标签系统转换成有结构的概念层级体系。英文概念图谱 WikiTaxonomy 和 YAGO 都是基于这一思路构建而成的。以 YAGO 为例，其具体构建方法分为以下两步。

① 概念标签识别。根据标签的功能，可分为概念型标签、主题型标签、属性型标签以及管理型标签。概念型标签用来描述实体所属的类型，如 "American male film actors"。概念标签是概念图谱中的理想节点。主题型标签用来描述实体所属的主题，如 "Chemistry"。属性型标签用于描述实体的相关属性信息，如 "1979births"。管理型标签主要用于管理词条，比如 "Articles with unsourced statements"。属性型标签和管理型标签一般来说比较少，可以通过人工或设定简单规则来剔除。剩下的标签主要是概念型标签和主题型标签。YAGO 使用了浅层语言分析来识别概念型标签，其基本思路为识别出标签名称中的中心词。如果这个中心词为复数（比如 "American male film actors" 中的 "actors"），则认为该标签为概念型标签；如果中心词为单数（比如 "Chemistry"），则认为该标签为主题型标签。

② 概念层级体系构建。在识别出概念型标签后，将这些概念型标签与 WordNet 知识图谱中的概念建立 isA 关系，进而构建一个比 WordNet 更大的概念层级体系。如图 3-10 所示，构建概念层级体系的步骤主要分为三步。

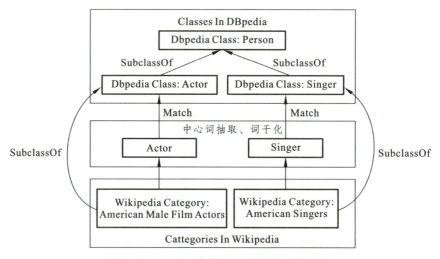

图 3-10　YAGO 构建概念层级体系的步骤

• 首先，将概念型标签（比如 "American male film actors" 和 "American Singers"）看作一个名词词组，通过名词词组分割工具分割成前缀修饰词（"American male film" 和 "American"）、中心词（"actors" 和 "Singers"）和后缀修饰词。

- 随后，对中心词进行词干化（得到"Actor"和"Singer"）。

- 接着，检查由"前缀修饰词+词干化的中心词"组合而成的名词词组是否是 WordNet 中的某一概念。如果是，即认为这个标签是 WordNet 概念。如果不是，则进一步去除前缀修饰词，仅检查"词干化的中心词"是否是 WordNet 中的某一概念。如果是，则认为这个标签是概念的子概念。如果都不是，则认为该标签与 WordNet 概念之间不存在 isA 关系。

2）基于模式的方法

标签系统规模的有限，决定了基于此标签系统构建的概念图谱规模也有限，难以满足大规模应用的需要。突破规模瓶颈的一个重要思路是将互联网上的自由文本作为构建概念图谱的数据源。互联网上的自由文本的规模几乎是无限的，由此而构建的概念图谱可以覆盖常见的实体和概念。从自由文本中抽取 isA 关系最常见的方法是基于模式（Pattern）的抽取方法。

最常用的从英文文本中抽取 isA 关系的语法模式是 Hearst 模式。表 3-6 中列举了最典型的 Hearst 模式，其中 NP 表示名词短语（NounPhrase）。之所以将 Hearst 模式归为语法模式，是因为模式中指定了语法相关的标记。

表 3-6 典型的 Hearst 模式

模式	例子
NP such as {NR, }*{（or|and）}NP	Coppanies such IBM，App
NP{, } including {NR, }*{or|and）}NP	algorithms including SVM，LR and RF
NP{, NP}*{, }or other NP	animal，dogs，or other cats
NP{, NP}*{, }and other NP	representatives in North America，Europe，Japan，China，and other countries
NP{especially {NP, }*{（or|and）}NP	developing countries，especially China and India

一个简单的抽取 isA 关系的方法就是将 Hearst 模式与文本匹配，提取模式特征词（如 such as）前后的名词短语作为上下位词。比如，"NP such as {NP, }*{（or\|and）}NP"又可以表达为"NP_0 such as { NP_1, NP_2, …（or\|and）} NP_n"，这一模式意味着对于任一 NP_i，都有 NP_i isA NP_0 成立。因此，对于与此模式匹配的"companies such as IBM，Apple"，不难抽取出"IBM isA Company"、"Apple isA Company"。但是，这种做法仍然存在如下一些问题。

- 模式前后的噪声词汇会导致抽取错误。例如，对"animals other than dogs such as cats"的抽取得到了错误的关系"cats isA dogs"，这是"other than"的干扰导致的。

- 分词错误会导致抽取错误。例如，在"algorithms including SVM，LR and RF"中，分词模型难以确定"LR and RF"到底是一个实体还是两个实体，从而导致抽取错误。

因此，基于 Hearst 模式的抽取仍然需要采用额外的手段提升抽取的精度和召回率。

充分利用大规模语料以及抽取过程中间结果的统计数据可以帮助解决上述问题。比如，对于上述第一类问题所提及的错误，完全可以通过 t_1 = "cats isA dogs"，t_2 = "cats isA animal"，t_3 = "dog isA animal" 三者的统计信息加以纠正。显然，从大规模互联网语料中抽取出 t_2 与 t_3 的频次要显著高于 t_1 的（频次越高越可信，反之则越不可信），结合"同一个词汇的两个下位词不可能满足上下位关系"的规则，可以识别 t_1 是错误的。上述第二类问题也可以采用类似的思路解决。

3）中文概念图谱的构建

基于模式的方法依赖高质量的抽取模式，但是中文的高质量句法模式较少，这是因为中文的语法相对英文而言更加复杂和灵活。例如，典型的 Hearst 模式 "NP such as {NP，}*{（or | and）}NP" 在英文中有 95.7%的准确率，但是在中文中只有 75.3%的准确率。如表 3-7 所示，大部分中文模式比相应的英文模式准确率低。这导致基于模式的方法很难构建高质量的中文概念图谱。而基于在线百科的方法仅从百科的类别系统中获取 isA 关系，这种方法构建的概念图谱的覆盖率往往不高。

表 3-7　典型的中英文 Hearst 模式及准确率

英文模式	准确率	中文模式	准确率
NP is a NP	97.2%	NP 是一（个|种|…类）NP	95.7%
NP such as {NP，}*{（or | and）} NP	95.7%	例如 NP{、NP}*	75.3%
such NP as {NP，}*{（or | and）} NP	96.6%	—	—
NP{，NP}*{，}and other NP	89.3%	NP{、NP}*等 NP	93.0%
NP{，NP}*{，}or other NP	90.7%	—	—
NP{，}including{NP，}*{（or|and）}NP	81.7%	NP 包括{NP、}*NP	80.4%
—		NP 是 NP	80.6%

另一类典型的思路是将其他语言的概念图谱翻译成中文。这一思路存在两个挑战。首先，译法存在歧义，需要在各种可能的译法中选择合适的译法。比如，对于"China isA country"，China 可以翻译成"中国"或者"瓷器"，country 可以翻译成"国家"或者"乡村"，而显然只有"中国 isA 国家"是合理的。因此，仍需要利用一些特征来识别正确的译法。比如，利用词对的共现频次，"中国"与"国家"的共现频次要远高于其他不准确的翻译词对。

其次，不同语种倾向于表达不同的知识。不同语种表达的知识相交部分不多，比如，中文百度百科与英文百科中的实体相交数量只有 40 万个左右，而它们的总实体数都超过了 400 万个。不同的语种对应不同的文化，不同文化的人们对世界的认知是不同的，自然就有很多知识只在特定语言中存在表达。接下来，介绍两种典型的中文概念图谱（大词林和 CN-Probase）的构建方法。

① 大词林。

大词林是一个基于抽取+排序框架构建的中文概念图谱。大词林的框架如图 3-11 所示，框架的输入是实体，输出是实体的有序上位词表，其基本思想是利用搜索引擎获取输入实体的上位词。其框架主要包含两个模块：候选上位词抽取和上位词排序。

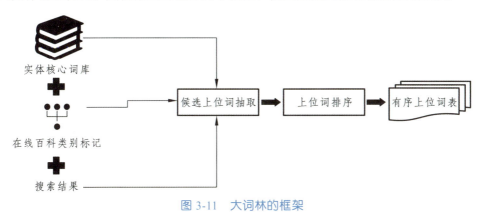

图 3-11　大词林的框架

候选上位词抽取模块使用 Web 上的多个信息源挖掘一个命名实体的候选上位词。通过搜索引擎搜索实体，从搜索结果、在线百科类别标记和实体核心词库等三类来源获取候选上位词。这一做法充分利用了互联网数据量大、覆盖面广的特点，从而避免了数据稀疏问题，提高了实体上位词的召回率。但是由于 Web 数据中往往包含较多噪声，在抽取步骤中得到的候选上位词的准确率并不是很高，因此仍然需要通过上位词排序模块对它的候选上位词进行排序。上位词排序模型的训练需要大量的命名实体及其候选上位词的标注语料。考虑到人工标注费时费力，大词林系统使用了一些启发式的策略来自动收集训练语料。

② CN-Probase。

这是一个以中文在线百科为来源，基于生成+验证框架构建的中文概念图谱。中文在线百科（百度百科、互动百科等）包含丰富的信息，其每个页面对应一个实体和它的相关描述。中文在线百科的页面一般包含实体括号（记为 a）、摘要（记为 b）、Infobox（记为 c）和标签（记为 d）。针对这些数据源进行深度加工，可以获得大量的 isA 关系。但是在生成 isA 关系后验证模块还需要对其进行仔细筛选。

图 3-12 是 CN-Probase 的框架图，其中输入是中文在线百科，输出是概念图谱。其框架主要包含两个模块：生成模块和验证模块。生成模块主要负责从中文在线百科的多个数据源中抽取上下位关系，以确保概念图谱的覆盖率。短语分割模块用于从括号中抽取上位词，其核心思想是对括号内的短语进行切分和组合以得到上位词；深度生成模块使用编码器-解码器模型来生成实体的上位词；谓词发现模块的基本思想是发现 Infobox 中隐含的表达 isA 关系的谓词（职业和公司性质等），直接抽取模块直接把实体的标签当作上位词。

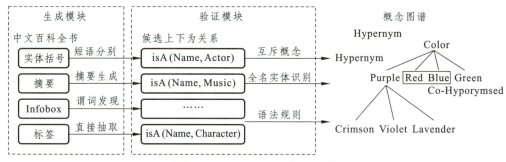

图 3-12　CN-Probase 的框架图

验证模块使用多种启发式方法来发现错误的 isA 关系，从而确保概念图谱的准确率。验证模块包括基于互斥概念的验证、基于命名实体识别的验证和基于语法规则的验证。通过构建互斥的概念对（如人物和音乐）可以发现错误的 isA 关系。

3. isA 关系补全

虽然语料越来越多，抽取工具也越来越强大，但是基于文本语料通过自动抽取而建立的概念图谱仍可能存在 isA 关系缺失的情况。例如，虽然 Probase 包含约 1000 万个实体/概念和约 1600 万条 isA 关系，但平均每个实体只有约 1.6 个上位词。然而对于人类而言，所能枚举的概念显然远超这一数值。下文将讨论 isA 关系缺失的成因与解决方案。

1）isA 关系缺失的成因

任何从文本语料中通过自动抽取方法构建的知识图谱都存在一定程度的缺失。其根本原因在于，某个特定的文本语料只是对知识全集的一个不完整的表达。人类的知识浩如烟海，可以明确表达的知识只是其中的一部分。在这一部分中，通过自然语言文本表达的，也就是在语料中被提及的知识，也只是一部分（还有很多知识，比如时空知识，多以图片等其他模态表达）。不同语言的文本语料所提及的知识又存在一定的倾向性，很容易遗漏该语言少有提及的知识。比如，中国人日常生活中的油条、豆浆类的早餐知识在其他语种就很少被提及。

那么是否可以通过增加语料来解决知识缺失的问题呢？增加语料只能在一定程度上缓解上述问题，彻底解决知识缺失问题仍然十分困难。除了上面提到的局限性因素以外，还包括以下原因。

① 低频实体相关知识缺失。

实体在语料中出现的次数大致服从幂律分布（也就是 Zipf 定律 $r \times f = C$，其中 f 是实体出现的次数，r 是实体出现的次数在所有实体中的排名，C 是一个常数）。大多数实体在语料中出现的频率较低，因此缺乏足够的信息抽取相关的 isA 关系。即使收集更多的语料，提升低频实体的抽取效果仍然十分困难。

② 常识相关知识缺失。

还有大量常识性的 isA 关系，在语料中鲜有提及，因而也就无从抽取。

因此，通过增加语料来解决 isA 关系缺失的效果有限。然而，人类往往可以通过推理来得到更多的 isA 关系，从而补全概念图谱。

综上所述，让计算机利用已有的 isA 关系推理出新的 isA 关系是一种可行的概念图谱补全思路。有两类典型的补全思路，一类是利用 isA 关系的传递性，另一类是利用相似实体（协同过滤思想）。

2）基于 isA 关系传递性的概念图谱补全

isA 关系在理论上具有传递性，即：若 x isA y 且 y isA z，则 x isA z 成立。比如，根据爱因斯坦是一个物理学家，物理学家是一类科学家，可以推理出爱因斯坦是一个科学家。根据传递性，可以通过 x isA y 且 y isA z，推理出 x isA z 并加入概念图谱中，从而实现概念图谱补全。

在 WordNet 等语言专家精心构建的经过语义消歧的概念图谱中，isA 关系的传递性是成立的。然而，在从大规模文本语料自动抽取构建的大规模词汇概念图谱（比如Probase）中，isA 关系的传递性却不一定总是成立的。

isA 关系传递性不成立的一个重要原因是，Probase 中的词汇没有经过消歧。有一种直接的方法：像 WordNet 一样对词义进行识别和区分。然而，在 Probase 这样的大规模词汇概念图谱中进行词义消歧代价极大，基本不可行。一方面，在大规模的概念图谱中进行消歧需要很大的计算量；另一方面，对每一个概念在不同语境下的含义进行非常精准的语义细分，理论上也是很困难的。例如，Chair 有办公椅、长、小板凳、汽车座椅等各种含义，要区分 Chair 细微的语义差别十分困难。

因此，基于 isA 关系的传递性对 Probase 这样的大规模词汇概念图谱进行补全，首先需要判断 isA 关系的传递性是否成立？只有当 isA 关系的传递性成立时，才可以进行补全。这一问题可以建模为一个二元分类问题：给定词汇概念图谱中的某个三元组<x，y，z>，且 x isA y，y isA z，判断 x isA z 是否成立。如果 x isA z 成立，这个三元组就是正例，否则是负例。给定标注样本以及基本特征，就可以构建一个二元分类器，完成判定。

① 样本标注。

人工标注样本耗时耗力，难以构建大规模高质量样本。利用专家构建的高质量概念图谱，比如 WordNet，来自动构建大规模标注数据，是一个廉价、有效的方法。WordNet是由专家构建的经过语义消歧、按词义进行组织的概念图谱，这使得自动化构建标注样本集成为可能。如图 3-13 所示，通过 WordNet 可以判断 water tank is a vessel（水箱是容器）成立：而 water tank is a military vehicle（水箱是军用车辆）不成立。因此，可以根据如下的规则来标注三元组。

- 在 WordNet 中，若 x isA y 且 y isA z，则 x isA z 成立，因此<x，y，z>是一个正例。
- 在 WordNet 中，若 x isA y 且 y isA z，且 y_1 和 y_2 是同一个词 y 的不同词义，则 x isA z 不成立，因此<x，y，z>是一个负例。

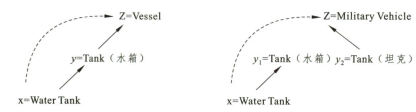

Positive: Water Tank-Tank-Vessel Negative: Water Tank-Tank-Military Vehicle

图 3-13　使用 WordNet 自动标注数据集

② 特征。

需要从 x isA y 和 y isA z 这两个已知的 isA 关系中提取一系列有效特征来判定传递性是否成立。基本特征包括各实体/概念 x、y、z 的一些统计信息，比如，其上（下）位词的数量、在语料中出现的频次等。同样，对于 x isA y 和 y isA z 这两条已知的 isA 关系，也可以提取其边权（即此关系在语料中出现的频次）、关系两端实体/概念的点互信息量（Pointwise Mutual Information）等特征。

除了这些基本特征外，还有一些统计特征具有较好的区分度。第一个特征来自同类实体的信息。第二个特征来自相似概念的信息。对于三元组<x，y，z>考虑与之相关的正例三元组<x，y，z'>，概念 z' 和 z 的相似度可以用来推断<x，y，z>的传递性

3）基于协同过滤思想的概念图谱补全

基于传递性进行补全的方法能找到大量新的 isA 关系，但是这种方法只适用于存在一个中间"桥梁"概念的 isA 关系，因而具有一定的局限性。另一个推断缺失的 isA 关系的想法是，相似实体拥有类似的上位词。如图 3-14 所示，在考虑实体"Steve Jobs"（苹果公司创始人）时，人们很容易联想到其他相似的人物。由于后面这些实体都属于"Billionaire"（亿万富翁）这一概念，因此可以推测"Steve Jobs"也属于"Billionaire"。

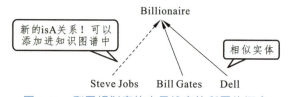

图 3-14　利用相似实体来寻找实体所属的概念

上述想法与推荐系统中的协同过滤思想相似，因此，不难设计基于协同过滤思想的 isA 关系补全框架。如图 3-15 所示，该框架为每个目标实体 c 寻找其缺失的上位词，主要包括以下两步。

- 在概念图谱中寻找 c 的相似概念或实体集合 $Sim(c) = \{s_1, s_2, \cdots\}$，这一过程的核心是相似度计算。

- 从 $Sim(c)$ 的上位概念集合中，寻找 c 的候选缺失上位词。这一过程的核心是计算上位词的推荐分数。

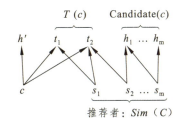

图 3-15　利用相似实体推荐上位词

① 计算相似度。

首先要为目标实体 c 寻找与其相似的实体/概念集合 $Sim(c)$。为了做到这一点，需要在概念图谱中计算两个实体/概念 c_1、c_2 相似度的函数 $Sim(c_1, c_2)$。基于这一相似度函数，可选择与 c 最相似的 k 个实体/概念构成 $Sim(c)$。

在概念图谱中，有两种相似度度量方法。第一种是基于集合相似度的度量方法，通过度量两个节点的上位词集合之间的相似度和下位词集合之间的相似度来确定节点的相似度。通常用 Jaccard 相似度来度量两个集合之间的相似度：对于集合 U、V，其 Jaccard 相似度为 $J(U,V) = \dfrac{|U \cap V|}{|U \cup V|}$。之后，需要对这两个 Jaccard 相似度结果进行合并。由于概念图谱通常非常稀疏，两个相似性度量结果往往比真实的相似度偏小。因此，通常采用 Noisy-Or 模型合并各个相似性度量结果以增强信号：$N(x,y) = 1 - 1(1-x)(1-y)$。显然，合并的结果不会小于被合并的各个分量。利用 Noisy-Or 模型增强信号是稀疏图谱中的常用做法，有一定的代表性。

除了基于上下位词集合的相似度度量外，基于随机游走的度量也广为使用。基于随机游走的度量可以充分利用全图信息，也就是说可以利用非直接邻接的远程关系的信息，从而更加有效地利用图中的结构信息放大稀疏图谱中的微弱信号。此外，在包含数千万个实体的概念图谱中为每个实体寻找其相似实体/概念需要很大的计算量，因此需要一些加速计算的方法。

② 上位概念推荐。

对于实体 c，根据 $Sim(c)$ 的上位词可以构建待推荐的上位词候选集 $H = \{h | s_i \text{ isA } h, s_i \in Sim(c), c \text{ isA } h \text{ not in } KB\}$。集合 H 中分数较高的上位词将作为 c 的新上位词。打分机制采用加权求和的方法，这是协同过滤系统常用的方法：

$$Score(h_j) = \sum_{s_i \in Sim(c)} w(s_i \text{ isA } h_j) sim(s_i, c) \tag{3-12}$$

其中，每个累加项包含相似项 s_i 和 c 的相似程度 $sim(s_i, c)$，以及相似项 s_i 与上位概念 h_j 的 isA 关系权值 $w(s_i \text{ isA } h_j)$。在 Probase 中，某条 isA 关系的权值就是该 isA 关系在语料中被观察到的次数。基于 $Score(h_j)$，对每一个 c，选择有较高得分的新上位概念补充给 c

即可。使用协同过滤框架最终能为 Probase 添加接近 500 万条新的 isA 关系，抽样检测表明其正确率超过 85%。

4. isA 关系纠错

从大规模语料，特别是互联网语料中，通过自动抽取技术构建出来的千万节点规模的概念图谱，不可能没有错误。对于一个千万节点规模的概念图谱，即使是 1%的错误率，错误关系的绝对数量也可能在 10 万级别。这些错误会对下游应用产生显著的负面影响。很有必要对抽取到的概念图谱进行清洗，以进一步提升概念图谱的质量。

1）错误的成因

下面对自动化构建的概念图谱中的错误成因进行分析。自动化构建包括 3 个基本步骤：首先收集大量语料；其次使用各种抽取算法从语料中自动抽取实体、概念和 iA 关系；最后用一些自动推理技术补全 isA 关系。整个过程中的每一步都有可能引入错误。

① 来自语料的错误。

语料，特别是互联网语料，会给概念图谱的构建带来很多挑战。比如，修辞现象（如反话、比喻、抽象等）。互联网语料往往还包含错误的句子、不当的表达，甚至是笔误。

② 来自抽取的错误。

即便语料是完美的，自动化的抽取方法也仍会出错。总体而言，自然语言是十分复杂的，而抽取方法往往又是由大量基本 NLP 模块（如分词、词性标注、语法树构建等）堆砌而成的复杂方案，每个模块的错误容易传播、影响到后续模块，导致最终抽取出的 isA 关系质量低下。端到端的深度学习 NLP 方案在一定程度上可以缓解上述问题，但正确率仍然有限。

③ 来自推理的错误。

前面提到的一些自动推理技术虽然能够新增大量的知识，但也会不可避免地引入错误。除了自动推理技术本身的限制外，还有一些客观原因也造成了错误。一方面，原始的概念图谱中就存在着错误，基于错误的前提推理所得的结果往往也是错误的；另一方面，现实世界中往往存在大量的特例，它们不符合简单的推理规则。想要自动找到所有错误是不太现实的。退而求其次，希望能找到一些机制与方法，尽可能多地识别某些类型的错误，从而进一步提升概念图谱的质量。

2）基于支持度的纠错

一个简单的纠错方法是，为每一条知识寻找支持它的证据，来"证明"其正确性。最直接的证据是语料中提及这一条知识的频次。显然，如果一条知识在各种语料的大量句子中都可以抽取到，那么它很有可能是正确的。在特定语料中，将出现某条知识的句子的数量作为这条知识的支持度。表 3-8 对 Probase 中具有不同支持度的 isA 关系进行了抽样验证，发现有更高支持度的 isA 关系通常更可能是正确的。

表 3-8　Probase 中关于支持度的抽样验证

支 持 度	占 比	准 确 率
1	85.88%	78%
2 ~ 10	13.27%	86%
11 ~ 100	0.80%	94%
>100	0.05%	100%

那么，能否仅凭支持度筛选出错误的 isA 关系呢？答案是否定的。支持度一般服从幂律分布，也就是说绝大多数的 isA 关系的支持度都仅为 1。从表 3-8 中可以看出，支持度为 1 的 isA 关系的正确率有 78%，而在整个 Probase 中支持度为 1 的知识占 85% 以上。如果简单地将支持度为 1 的知识都视作错误知识，则误删率太高。对于这一问题，可以采用更可靠的 isA 关系可信度度量。一般而言，一个更具体的概念在概念图谱中的实例要比抽象的概念少。因此，对一条 isA 关系 xisAy，记 $e(x)$ 为 x 的直接下位词数量，一般有 $e(x) < e(y)$。因此，$e(y)/e(x)$ 越大，则 xisAy 越可信。因此，可以使用如下公式估计 xisAy 的可信度：

$$P_h(x\ \mathrm{isA}\ y) = \log(1 + \frac{e(y)}{e(x)})$$
（3-13）

然而，仅仅使用上述度量仍不足以达到较好的清洗效果，还需要利用一些算法对整个图谱进行清洗。

3）基于图模型的纠错

一个理想的概念图谱往往是一个有向无环图（DAG）。较为抽象的概念在更高的层级，而较为具体的实体在较低的层级（如图 3-16 所示）。isA 属性的边都是从具体（低层级）往抽象（高层级）连接的。然而，在自动抽取构建的概念图谱中往往会发现大量的环。显然，环中的 isA 关系之间存在逻辑上的冲突。因此，可以猜想：自动化构建的概念图谱中的环往往是由错误的 isA 关系导致的。如图 3-16 所示，"exciting city is A Paris"是一条逆层级的边，因此很可能是一条错误边。采样统计数据显示，在 Probase 中，97%的长度为 2 的环中存在错误的 isA 关系，而 96%的长度为 3 的环中存在错误的 isA 关系。这些统计数字证实了环中有错这一猜想。

环的存在可以帮助定位词汇概念图谱中的 isA 关系错误，但是还需要从环中识别并清除错误的 isA 关系。容易想到，在一个环中，可信度最低的 isA 关系应予以清除。这样，前面所讲到的 isA 边的可信度度量就可以帮助选择错误的 isA 关系。

这个问题并不是一个新问题。事实上，它是图论中的一个经典的 NP-Hard 问题的带权版本：最小反馈边集问题（Minimum Feedback Arc SetProblem，MFAS）。有一些近似解法可以在短时间内获得这个问题的较优解。下面的贪心算法可以求解该问题，它包含以下两个基本步骤。

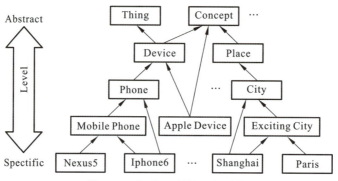

图 3-16 概念图谱的层级结构

步骤 1：以随机顺序枚举图中的每个环，每次将环中权值最小的边全部删除，直到图中不存在环为止。

步骤 2：将前一步骤中删除的边按权值从大到小排列，尝试将这些边逐个加回到图中。若不会产生环，则将其加回图中，否则将这条边加入 E'，作为最终输出的一部分。

尽管此算法的最差时间复杂度是 O（NM）（N 和 M 分别为概念图谱中的节点数和边数），但是它在实际使用中简单、有效，可以胜任含千万节点的概念图谱的处理工作。针对 Probase 使用上述算法识别错误 isA 关系，抽样检测结果表明，在识别出的错误 isA 关系中，超过 90% 的确实是错误的。

除了使用基于图的环消除方法外，还可以基于概念图谱的节点层次布局算法识别错误的 isA 关系。其基本思想是为概念图谱中的节点分配层级，使得概念图谱中的 x isA y 关系尽量满足"x 的层级比 y 的层级低"。当概念图谱中的绝大多数 isA 关系满足上述要求时，相应层次布局方案下的从高层级指向低层级的 isA 关系就是错误的。

3.5 知识图谱的存储

为了对知识图谱数据进行高效管理，除了对其进行逻辑上的抽象描述外，还需要在存储介质上合理组织这些数据。现有知识图谱数据的存储方式分为两类：基于关系模型的存储方式和基于图模型的存储方式。本节先介绍知识图谱数据的基本操作，因为对这些操作的高效支持是设计存储方案的主要目标；然后依次介绍两类存储方式。此外，针对规模日益庞大的知识图谱数据，本节还将简要介绍分布式环境下知识图谱数据的存储方法。

3.5.1 知识图谱数据的基本操作

在传统的关系型数据库领域，对关系型数据库所做的查询，可以通过多个关系表上的基本操作，包括选择、投影、连接等，加以完成。如果将知识图谱三元组关系表（主语，谓语，宾语）进行表示，也可以将知识图谱数据上的常见查询任务分解为与关系操作类似的基本操作，主要包括以下两种：

（1）选择（Selection）：在知识图谱中选择满足给定条件的知识图谱片段。

（2）连接（Join）：按照一定条件从两个知识图谱的笛卡儿积中选取知识图谱片段。

很多复杂知识图谱查询任务可以通过上述基本操作的组合来完成。复杂查询的优化问题是知识图谱管理系统的核心问题之一，可以借鉴传统关系型数据库中的 SQL 查询的计划生成和查询优化策略。在实际应用中，知识图谱数据的查询运算常呈现出如下特点。

（1）选择度高：即知识图谱中常见选择操作的答案仅涉及知识图谱中很少的三元组，其原因在于大部分选择操作是为了查询实体的某个相关属性。

（2）连接数量多：即知识图谱中常见的运算经常会包含大量的连接操作，这是知识图谱数据表示的碎片化（很多简单事实分解为了多个三元组）导致的。

3.5.2　知识图谱的关系表存储

在数据管理方面，关系模型自问世以来取得了巨大的成功。市面上已经存在大量成熟的关系型数据库系统，而知识图谱数据的三元组很容易映射到关系模型上。因此，使用关系模型（也就是关系表）存储知识图谱中的三元组是重要的存储方案之一。基于关系表对知识图谱数据进行组织的方式可以分成四类：基于三列表的存储方式、基于属性表的存储方式、基于垂直表的存储方式和基于全索引的存储方式。

1. 基于三列表的存储方式

这种存储方式通过维护一个巨大的三元组表来管理 RDF 知识图谱数据。这个三元组表包含三列，分别对应主体、谓词和客体。当系统接收到用户输入的查询请求时，系统将该查询转换为 SQL 查询。这些 SQL 查询通常需要对三元组表执行多次自连接（Self-join）操作以得到最终结果。

2. 基于属性表的存储方式

为了减少自连接操作的次数，很多知识图谱数据管理系统在单个大三元组表之外还构建了额外的属性表来管理知识图谱数据。这些属性表方法又分为分类属性表方法和聚类属性表方法。具体而言，分类属性表方法根据实体类型将三元组分类，相同类的三元组放在同一个表中；聚类属性表方法将相似的三元组聚类，然后将每类三元组集中在一个属性表中进行管理。对于上述两种方法，由于知识图谱数据表示的灵活性（容忍一些劣质或者不规范的数据），会存在部分三元组无法放入任何一个属性表的情形。此时，属性表方法通常会另建一个表来管理这些三元组。此外，并非属于某个属性表的每个实体在各个谓词上都有值，所以属性表中可能存在若干条目为空。

对于采用属性表方法存储数据的知识图谱，其执行查询的时候不用扫描整个数据集，效率相对较高；而且，属性表方法中的连接操作不再是关系表的自连接操作，效率有所提高。基于属性表存储数据的知识图谱最大的问题在于可能存在空值。不论是分类属性表还是聚类属性表，在属性表中都可能存在相当多的空值，这些空值会导致极大的空间浪费。

3. 基于垂直表的存储方式

针对三列表和属性表连接操作效率低的问题，SW-Store 提出了按照谓词分表的方法。具体而言，SW-Store 将三元组按照谓词分成不同的表，每个表保存谓词相同的三元组，SW-Store 称这种方法为垂直分割。这种方法用不同表之间的连接代替自连接，避免了自连接操作。因为在现有的关系型数据库中不同表之间的连接操作要快于自连接操作，所以 SW-Store 能在一定程度上提高效率。但是，垂直表也存在缺点：它无法很好地支持谓词是变量的查询操作。

4. 基于全索引的存储方式

除了采用一般的关系型数据库相关技术，还有一些系统针对知识图谱数据和运算的特点提出了特定的优化技术，如 Hexastore 和 RDF-3x。它们都是利用知识图谱三元组的特点来构建索引的。

为了加速知识图谱数据在运算过程中的连接运算，Hexastore 和 RDF-3x 将三元组中主体、谓词、客体的各种排列情况都枚举出来，然后为它们一一构建索引。主体、谓词和客体的排列情况共计六种。比如，针对三元组<s, p, o>，Hexastore 和 RDF-3x 还将额外存储五个对应的三元组：<s, o, p>、<p, s, o>、<p, o, s>、<o, s, p>和<o, p, s>。这些索引内容正好对应知识图谱运算中带变量的三元组模式的各种可能。于是，不论是基于主体来查询谓词和客体，还是基于谓词来查询主体和客体，亦或是基于客体来查询谓词和主体，系统都能很快地找到相应的结果。因为这类方法构建了大量索引，所以选取满足查询条件的三元组的效率极高。但是这种方式的连接操作依然低效，而且索引维护与更新的代价高昂。

3.5.3　知识图谱的图存储

针对知识图谱的图模型表示，很多系统设计了相应的图存储模式，主要有两种：邻接表和邻接矩阵。所谓的邻接表，就是知识图谱中的每个节点（实体）对应一个列表，列表中存储与该实体相关的信息。所谓的邻接矩阵，就是在计算机中维护多个 $n \times n$ 维的矩阵，其中 n 为知识图谱中节点的数量。每个矩阵对应一个谓词，其中每一行或每一列都对应知识图谱中的一个节点。若谓词 p 所对应的矩阵中第 i 行第 j 列为 1，则表示知识图谱中第 i 个节点到第 j 个节点有一条谓词为 p 的边。

1. 基于邻接表的存储方式

在利用图结构管理知识图谱数据的时候，一个关键问题是如何在基于图结构的指数候选空间中对查询操作有效减枝。为此，北京大学基于邻接表存储方式构建了一个知识图谱数据管理系统——gStore。gStore 提出了一种基于位图索引的有效减枝策略以加速数据访问。

当用户查询知识图谱上满足某些限制条件的变量时，gStore 将查询条件按照实体构建位图索引的方式映射到一个二进制位串。如果一个节点的位串与查询位串的"与"运算结果和查询位串相等，那么这个节点可能满足查询条件，从而成为这个查询图中变量节点的候选匹配。

2. 基于邻接矩阵的存储方式

在实际应用中，也有不少系统将知识图谱数据表示成邻接矩阵的形式。这些系统首先给知识图谱中的主体、谓词和客体（或属性和属性值）进行编号，然后构建一个 $|V_s| \times |V_p| \times |V_o|$ 的三维矩阵 M，其中 $|V_s|$、$|V_p|$ 和 $|V_o|$ 分别表示主体、谓词及客体的数量。如果<s，p，o>存在于知识图谱中，则设置 $M[i][j][k]$ 为 1，否则将其设置为 0，其中 i、j、k 分别为 s、p、o 对应的编号。

3.5.4　分布式计算环境下的知识图谱数据存储

知识图谱的规模日益增长，百亿节点规模的知识图谱已得以应用。在进行分布式知识图谱管理时，不同的应用有着不同的需求。有些应用要求较高的可扩展性，但对查询效率要求不高，对于这一类应用，可以基于已有的云计算平台来搭建分布式知识图谱存储系统；而有些应用对查询效率要求很高，在这种情况下，系统往往需要自行划分数据，并依据划分结果将知识图谱数据分布到不同的机器上。下面将分别介绍这两种存储方式。

1. 基于已有的云计算平台的存储方式

最直接的方式是利用已有的云计算平台实现大规模知识图谱数据的存储，并利用这些平台上成熟的任务处理模式执行知识图谱上的运算。

表 3-9　常见的基于已有的云计算平台的分布式知识图谱存储方式

云计算平台	系统	存储方式
Hadoop	SHARD	基于邻接表的存储
Spark	S2RDF	基于垂直表的存储
Trinity	Stylus	基于邻接表的存储

2. 基于数据划分的存储方式

基于数据划分的分布式知识图谱存储方式，首先利用特定算法将数据划分成若干分片，再将这些分片分配到不同机器上。这类方式的主要区别在于数据的划分方式，按照数据的划分方式，可以将这类方式分成两类：基于粗化（Coarsening）的划分方式和基于局部模式的划分方式。

表 3-10　基于数据划分的分布式知识图谱存储方式

划分方式	系统	划分思想
基于粗化	METIS	基于极大匹配进行粗化
	MLP	基于标签传播进行粗化
基于局部模式	SHAPE	基于星状结构的三元组群

3.6　知识推理和检索

3.6.1　知识推理

知识推理是指计算机在知识表示的基础上进行问题分析、解答的过程，即根据一个或者一些已知条件得出结论的过程。

1. 语义推理

语义推理是在相应词项的语义系统框架内，借助特定的意义公设对分析性词项内涵关系的一种概括或描述。这种语义推理是一种必然性推理，其推理的有效性是以正确分析词项的语义结构为基础，以恰当把握词项间的语义关系为前提的。由于语义推理是脱离特定语境而独立进行的，因此它不同于依赖特定语境的语义推理。知识图谱常用于问答系统中，而语义推理是问答系统的一种实现方式，例如"诸葛亮的主公的二弟是谁"，系统会对问句进行基本的语义分析，提取出潜在的实体和谓词，而后转换为实体的关系搜索或属性搜索。

2. 间接推理

间接推理指的是现有数据或图谱中不包含所有可能的逻辑，需要进行多步计算后产生新的推理逻辑。间接推理包括演绎推理（从一般到个别的推理）、归纳推理（从个别到一般的推理）、生成推理（例如聚合计算，统计后产生新的属性）等。

3. 基于规则引擎的推理

规则引擎也称专家系统，是一种固化条件逻辑推理的实现方式。规则引擎可以体现为一种可以嵌入应用程序中的组件，实现了将业务决策或业务标准从应用程序中分离出来，并使用预定义的语义模块编写业务决策的目的。简单来说，就是接受数据输入，通过引擎进行规则分析，据此做出业务决策。

4. 基于表示学习的推理

对图谱中实体的特征学习已经成为一项非常重要的任务。网络表示学习算法将图谱信息转化为低维稠密的实数向量，并将其用作已有的机器学习算法的输入。比如 Trans 系列的模型，在这个模型基础上进行语义的推理。TransE 模型的思想比较直观，它是将每个词表示成向量，然后向量之间保持一种类比的关系，因此它是无限地接近于伪实体的映射向量（Embedding）。这个模型的特点是比较简单，但是它只能处理实体之间一对一的关系，不能处理多对一与多对多的关系。后来 TransR 模型被提出，TransR 实际上解决了一对多、多对一、多对多的问题，它首先分别将实体和关系投射到不同的空间里面，一个实体的空间和一个关系的空间，然后在实体空间和关系空间构建实体和关系的嵌入，通过它们在关系空间里面的距离，判断其在实体空间里面是不是具有这样的关系。除了 TransE、TransR，还有更多的 Trans 系列的推理模型，如 TransH、TransN、TransG 等。

节点的表示可以作为特征，送到类似支持向量机的分类器中。主要算法包括矩阵特征向量计算（谱聚类算法）、简单神经网络（DeepWalk 算法）、矩阵分解、深层神经网络、社区发现等。

5. 基于图计算的推理

基于图计算的推理是以图论的思想或者以图为基础建立模型来解决现实中的问题，即基于图之间的关系的特征构建分类器进行预测。基于图提取特征的方法主要有随机游走、广度优先和深度优先遍历，特征值计算方法有随机游走、路径出现/不出现的二值特征以及路径的出现频次等。

图计算中常用的算法有：特征向量分析（PageRank）、聚集度分析（数三角形）、最大连通图（Kosaraju 算法）、最短路径（Dijkstra 算法）、社群发现（LPA、Louvain）、中心度分析（GN 算法）。

常见的知识推理策略包括正向推理和反向推理。

正向推理又被称为数据驱动策略或者自底向上策略，是由原始数据按照一定的方法，运用知识库中的先验知识推断出结论的方法。正向推理的特征体现为：重复利用已知信息，响应速度快；推理目的性不强。

反向推理又被称为目标驱动策略或者自顶向下策略，先假设或者给定结论，然后验证支持这个假设或者结论成立的条件和证据是否存在。如果条件满足，结论就成立；否则，再提出新假设重复上述过程，直至产生结果。反向推理的特征体现为：推理目的性强、建立目标和条件之间的关联时会造成资源浪费。

3.6.2　知识检索

知识图谱的知识是通过数据库系统进行存储的，而大部分数据库系统通过形式化查询语言为用户提供访问数据的接口。知识图谱数据在逻辑上是一种图结构，因此也可以通过图查询技术完成特定查询图的查找，其核心问题是判断查询图是否为图数据集的子图，也叫子图匹配问题。

图数据库查询 SPAROL 是为 RDF 数据开发的一种查询语言和数据获取协议，是被图数据库广泛支持的查询语言。与 SQL 类似，SPARQL 也是一种结构化的查询语言，用于对数据的获取与管理。

同时，随着移动互联网以及可穿戴设备的飞速发展，人们更需要有效、准确的自然语言形式的知识检索方式，信息服务和交互模式开始向问答系统转变。问答系统被称为下一代搜索引擎的基本形态，目前主流的实现方式便是基于知识图谱的。基于知识库的知识问答从技术上可分为以下 3 类。

1. 基于模板

基于模板的知识问答实现通常由模板定义、模板生成和模板匹配 3 个部分构成。模板定义通常没有统一的标准或格式，需要结合 KG 的结构以及问句的句式。模板的查询响应速度快、准确率高，但为了尽可能匹配上一个问题的多种不同表述，需要建立庞大的模板库。该过程使用人工定义的方式，往往耗时耗力。

2. 基于语义解析

基于语义解析的知识问答实现通常由短语检测、资源映射、语义组合和查询生成 4 个部分组成。基于语义解析的知识问答实现的主要挑战是开放域环境。

基于语义检索的方法有以下几种。

基于 IR：基于 IR 的检索是单一数据结构和查询算法，针对文本数据进行排序检索，达到优化的目的。它的数据是高度可压缩的、可访问的。其可以处理排序，但不能处理简单的查询（Select）、连接（Join）等操作。基于 IR 的检索工具有 Sindice、Falcons。

基于 DB：如 Oracle 的 RDF 扩展及 DB2 的 SOR，其具有各种索引和查询算法，以适应对结构化数据的复杂查询。优点是能够完成复杂的选择、合并等操作。缺点是由于使用 B+ 树，空间的开销大且访问存在局限性，同时来自叶子节点的结果没有集成对检索结果的排序。

原生存储（Native Stores）：基于原生存储的检索工具有 Dataplore、YARS、RDF-3X。该检索方法的优点是高度可压缩、可访问；类似于 DB 的 Select 和 Join 操作；可在亚秒级时间内在单台机器上完成对 TB 级数据的查询；支持高动态操作。

3. 基于深度学习

深度学习与基于知识库的知识问答的结合主要有两个方向：对传统问答方法进行改进和直接基于深度学习的端到端（End to End）模型。

3.7 知识图谱质量控制

所谓知识图谱的质量，即知识图谱中知识的质量。知识图谱的质量控制指的是如何通过技术手段来确保知识图谱中知识的质量，知识图谱的质量评估与控制是知识图谱构建必不可少的重要一环。在知识图谱的构建层面，高质量的知识图谱是知识图谱构建的最终目标之一。在知识图谱的应用层面，知识图谱的质量高低很大程度上决定了其在具体应用场景中的效用。

　　总体来说，目前知识图谱的质量控制方法主要有两种思路，分别是"内检"和"外观"。"内检"指的是利用知识图谱的内部知识进行综合推理，得到新的缺失知识，也可以发现相互矛盾的错误知识等；"外观"指的是从外部知识源获得信息，然后结合知识图谱内部的知识进行比对，从而补全、修正或者更新知识图谱中的知识。也有一些学者考虑把两种思路结合起来，充分利用知识图谱的内部和外部知识来共同提升知识图谱的质量。

3.7.1　知识图谱质量控制的维度与方法

　　不论是通用领域还是垂直领域，知识图谱的构建都力求做到自动化，即尽量少用人力，尽量依靠机器自动完成。一方面，自动化构建知识图谱可以提升构建的效率，大大降低时间成本和人力成本；但另一方面，其不可避免地会引入一些质量问题。如果说知识图谱的自动化构建是知识图谱应用落地的基本前提，那么知识图谱的质量控制则是知识图谱应用落地效果的根本保障。知识图谱质量控制的首要问题是知识质量评估。接下来，本书首先介绍知识图谱质量评估的维度与方法。

1. 知识图谱质量评估的维度

　　知识图谱质量评估的考察对象涉及知识图谱的方方面面，具体来说包括概念、实体、属性这三类个体对象，以及概念之间的关系、概念与实体之间的关系、实体之间的关系等三类关系。知识图谱质量评估一般考虑四个维度，即准确性、一致性、完整性和时效性。

　　准确性（Accuracy）：主要考察知识图谱中各类知识的准确程度。图谱知识的高准确性是知识图谱得以有效应用的前提。然而，由于数据源中原始数据的错误以及知识获取过程中发生的难以避免的错误，最终的知识图谱中往往会有错误。对于知识图谱准确性的评估，目前比较通用的办法还是通过与黄金标准数据自动比对或者由领域专家抽样检查比对进行判断。

　　一致性（Consistency）：主要考察知识图谱中的知识表达是否一致，即知识图谱中是否存在互相矛盾的知识。对于一致性，一般不会设置量化指标。检查一致性的目标是希望消除所有知识不一致的情况。

　　完整性（Integrity）：主要考察知识图谱对某领域知识的覆盖程度。绝对"完整"的知识图谱，其现有知识（或基于现有知识进行推理可得的知识）应覆盖相关领域中的所有知识。然而，完整性在大部分实际应用中是一个相对的概念，大多数领域并非绝对封闭，所以知识图谱中的知识很难绝对完整。知识图谱的完整性可通过专家抽样检查进行评估，或通过对比某实体是否具备其同类实体的常见属性和关系来判定该实体的相关知识是否完整。

时效性（Freshness）：时效性可以看作准确性的一个子维度，但它侧重于考察知识图谱中的知识是否为最新知识。知识是动态变化的，过期的知识也是一种错误，会对实时性要求较高的应用带来显著问题。

2. 知识图谱质量评估的方法

知识图谱的质量评估旨在对知识图谱中知识的质量进行量化。根据量化评估的结果，保留置信度较高的知识，舍弃置信度较低的知识，从而有效确保知识图谱中知识的可靠性。常见的质量评估方法有以下几种。

人工抽样检测法：由领域专家进行抽样质量检测与评估。通常，人工检测与评估的准确度高，然而代价也相对较大。不同的应用场景对知识的准确度要求不同，这决定了人工抽检率也不同。抽样检测的具体抽样方法也有多种，可以采取均匀随机采样法，即所有样本都有均等的被采样概率；也可以采取不均匀随机采样法，比如，按照实体的流行度（Popularity）进行优先采样，确保头部实体得以检验。

一致性检测法：通过专家预先制定的一致性检测规则检测知识图谱中的知识冲突，以发现知识质量问题。相对于人工抽样检测法而言，一致性检测法成本较低，但只能检测所定义类型的质量问题，且检测效果取决于一致性检测规则的优劣以及各知识图谱本身的知识冲突情况。

基于外部知识的对比评估法：使用与目标知识图谱有较高重合度的高质量外部知识源作为基准数据，对目标知识图谱进行质量检测。该方法的优点在于可以利用人工校对过的高质量基准知识对自动构建的含同类知识的知识图谱进行高效、准确的质量检测。由于外部知识源的知识表达方式与目标知识图谱中的知识表达方式未必一致，因此该方法需要准确关联两方的知识才能进行对比评估。

还有一些相对体系化的知识图谱质量评估方法，根据用户提供的数据质量标准或者背景信息来进行质量评估。这类方法可能更适用于一些垂直领域的知识图谱，其中比较有影响力的是 Mendes 等人提出的基于 LDIF 框架（Linked Data Integration Framework）的知识质量评估方法。在此评价体系中，用户可根据业务需求来定义质量评估函数，或者通过对多种评估方法的综合考评来确定知识的最终质量评分。文献[16]将知识图谱技术应用于线损管理评价指标的选择，使用递归特征消除和随机森林融合算法来过滤评估指标，并为线损精益管理系统构建智能评估指标。

3. 知识图谱质量控制全周期概览

知识图谱的质量控制贯穿于知识图谱构建的全周期，涉及知识图谱构建前、中、后三个阶段的质量控制。构建前的质量控制主要在于对数据来源的质量控制，即对于获取知识的数据源头做质量评估与控制。构建中的质量控制主要是知识获取手段和知识融合阶段的质量控制。针对不同的知识源，还需要采取不同的知识获取方法来获取知识。不同的知识获取方法的准确度不同，准确度低的方法会影响知识图谱中知识的质量。

为了尽量避免引入错误，需要对知识获取的方式进行质量控制与管理；而知识融合是对从各源头获取的知识进行融合、统一，涉及很多数据融合相关的质量问题，包括实体对齐、属性融合及值规范化。知识图谱构建后的质量控制指的是在知识图谱完成初步构建后，对知识图谱的质量进行进一步的完善与常规维护。例如，补全缺失的知识，发现并纠正错误知识，发现并更新过期知识。

综上所述，知识图谱构建的各阶段都可能产生质量问题，虽然可以在构建完知识图谱以后再进行质量控制，但还是应该尽早对各阶段的质量问题进行及时的把控，减轻后面阶段质量维护的负担。

3.7.2　缺失知识的发现与补全

本小节重点介绍实体类型补全、实体间关系（或实体属性）补全，以及实体缺失属性值补全。

1. 类型补全

实体类型补全是对知识图谱构建中遗漏的概念进行补全，其通常也被称为实体判型（Entity Typing）。知识图谱构建后的质量控制环节关注为缺失概念的实体获取其相应的概念。

实体判型通常需要借助于实体在知识图谱中已有的属性与关系信息，以及整个知识图谱的信息。此外，也可借助外部知识源来获取额外信息。根据所使用的技术路线来区分，常见的实体判型方法大致可以分为基于知识图谱信息的启发式概率模型和实体分类模型两类。

2. 关系补全

关系补全是对知识图谱中不完整的关系三元组（头实体，关系，尾实体）进行补全。其中，大部分的研究工作主要考虑的是关系或尾实体缺失的场景。关系补全是近年的研究热点，大量研究工作集中于此，其大致可分为：基于内部知识的关系补全和基于外部数据的关系补全。

3. 属性值补全

实体缺失属性的发现问题往往会被转化为概念（或实体类型）必有属性（Obligatory Property）的发现问题。如果已知一个概念的必有属性有哪些，而这一概念下的某一个实体并没有这些属性和对应的属性值，则可以判定实体缺失这些属性。概念必有属性的发现可通过统计此概念下已有实体的属性分布情况来判定。

3.7.3　错误知识的发现与纠正

不论构建过程中的质量控制做得如何到位，自动化构建知识图谱还是会不可避免地产生一些错误知识。不纠正这些错误，知识图谱的质量将大打折扣，也会对应用产生负面影响。纠错的前提是发现错误。一旦发现错误的知识，就可以使用构建和补全知识图谱的相关方法对错误进行纠正。从海量知识图谱中发现错误显然是一个极具挑战的任务，因此本节关注错误的发现，特别是与实体相关的错误（因为与实体相关的知识占据知识图谱的绝大多数）的发现。在知识图谱中，实体的概念、实体间的关系、实体属性值均可能出错。

1. 错误实体关系检测

发现错误实体关系的方法大致分为两类：基于知识图谱内部数据的检测方法和借助知识图谱外部数据的检测方法。前一类方法通过挖掘知识图谱内部数据的关联关系建立错误实体关系判定规则，或通过分析知识图谱中数据的分布特征来建立错误实体关系检测的概率模型。后一类方法通常借助互联网等外部数据源来发现错误实体关系。

借助外部数据的检测方法通常借助互联网或外部本体库进行错误实体关系检测。基于互联网的检测方法通常利用搜索引擎检测知识图谱中的错误知识。大致流程是将三元组转换为各类语言的搜索关键词，通过搜索引擎搜索得到相关页面，然后对排名靠前的网页内的有效内容进行事实确认（Fact Confirmation）并计算网页的置信度，之后通过监督学习模型判定三元组描述是否正确并提供相应的证据。最后，由用户判断模型的输出和证据是否有用。对于判定有用的记录可以直接接收，同时将其加入训练集中，用于更新监督学习模型。当三元组的头/尾实体在互联网上有较多相关信息时，该模型可以获得不错的效果。然而，知识图谱中的很多事实，特别是一些低频事实，在互联网上只存在很少的相关网页。因此，基于互联网的检测方法并不适用于检测这些低频事实的正确性。

2. 错误属性值检测

错误属性值是一种常见的知识图谱质量问题，也得到了学者们的广泛关注。错误属性值检测方法仍有"内检"与"外观"两类主流思路。常见的"内检"方法是离群值检测，即将与相关数据分布不相符的离群值作为可能的错误。

3.7.4 过期知识的更新

知识是动态变化的，因此发现知识图谱中的过期知识并及时更新是知识图谱构建后质量控制的重要一环。根据更新发起方的不同，知识图谱的更新方式可以分为主动更新和被动更新。由知识图谱平台方发起的更新是主动更新，由数据源发起的更新是被动更新。显然，大多数知识图谱更新都是主动更新。

早期的知识图谱更新主要采用主动更新中的定期全局更新机制，即设定一个时间跨度（比如1个月），每隔这样一段时间就将现有知识图谱的所有内容进行一次全面的重新获取。大体来说，这些方法分为以下几类：基于更新频率预测的更新机制、基于时间标签的更新机制和基于热点事件发现的更新机制。

1. 基于更新频率预测的更新机制

基于更新频率预测的更新机制认为：更新频率高的知识应该优先更新。虽然数据源方一般会有完整的更新日志，但知识图谱构建方往往无法获取完整的更新日志，因此这种机制主要关注于如何根据有限的采样观测情况来准确估计知识的更新频率，从而实现主动局部更新。

假设在一段时间 T 内对某知识进行了 n 次观测（相当于 n 次均匀采样），其中 X 次观测到了知识的更新（显然 $0 \leqslant X \leqslant n$）。显然，本文的观测频率（单位时间内的观测次数）为 $f = n/T$。一段时间内，某个事件发生的频次通常服从的松分布。因此，可以假设 X 服从泊松分布有：

$$P(X = k) = \frac{\lambda^k \mathrm{e}^{-\lambda}}{k!} \qquad (3\text{-}14)$$

其中，λ 为知识更新频率（也就是单位时间内知识发生更新的次数）。显然，λ 是我们最终需要估计的目标变量。知识更新频率与观测频率的比值（Frequency Ratio）为：

$$r = \lambda / f \qquad (3\text{-}15)$$

因此，根据 X、n 估计 λ。通常，可以对 r 进行如下估计：

$$\hat{r} = \frac{\hat{\lambda}}{f} = \frac{X}{n} \qquad (3\text{-}16)$$

此时，知识更新频率可以按照如下公式估计：

$$\hat{\lambda} = f \times \frac{X}{n} \qquad (3\text{-}17)$$

通过多次观测周期得到多个 X 并取其均值，从而更好地评估知识更新频率。

2. 基于时间标签的更新机制

基于时间标签的更新机制利用事实间的时序关系预测将更新的事实。有两种模型可用于发现事实间的时序关系。一种是基于时序信息的时间感知模型（Time Aware Embedding，TAE）。该模型结合事实发生的时间，将时序信息在特定向量空间进行表示学习，使得训练得到的向量表示能够自动分离先验关系和后续关系，从而确定事实间的时序关系。另一种模型利用时间相关的语义约束作为整数线性规划（Integer Linear Programming，ILP）的约束，构造相应的推理模型。ILP 模型考虑了以下三种约束。

时间分离约束，即具有相同头实体和相同函数关系的任意两个事实的时间间隔是不重叠的。

时间顺序约束，即对于某些时间顺序关系，一个事实总是先于另一个事实发生。

时间跨度约束，即某一事实在知识图谱的时间范围之外的其他时间段内无效。

上面提出的两种模型互为补充。ILP 模型考虑的时间限制比 TAE 模型更严格，而 TAE 模型则为 IP 模型的目标函数生成更精确的向量表示。基于时间标签的更新机制不仅能对时间敏感的数据做出较为准确的更新预测，还广泛应用于知识图谱查错等领域，但其适用范围仅限于时间敏感的数据。

3. 基于热点事件发现的更新机制

基于热点事件发现的更新机制的基本思想是：知识图谱中经常更新的知识往往源自少数热门实体，且热门实体的信息更新往往伴随着热点事件或热词的出现，因此该机制提出对互联网上的热词进行实时监控，识别出热门实体并将其百科页面信息同步到知识库中。一个实体之所以变成热门实体，可能有两种情况：①新词②相关知识产生变化的旧词。该方法包含四个步骤：

1）种子实体发现。从搜索热点事件中获取热门实体（以下简称热词），并将其作为种子实体。

2）种子实体更新。根据抽取出的热词对知识库做更新。

3）实体扩展。由于在某一时间段内热词数量是有限的，为了能够更新更多的实体，需要对热词进行扩展。

4）扩展实体更新。对上一步扩展得到的关联实体按照优先级排序，并依次处理队列中的实体，将最新的知识同步更新到知识图谱中。

对上述步骤进行迭代，直至候选更新实体列表为空或者当天的实体更新次数已达到上限。

第 4 章　输变电设备知识图谱的构建

4.1　输变电设备生命周期数据分类与融合

4.1.1　输变电设备全生命周期的内涵

输变电设备的全生命周期是指设备从前期规划、到最后报废处理整个过程的时间序列，囊括了规划设计、采购招标、运行维护、报废处置四个生命阶段。设备全生命周期要求企业必须要正确认识到设备在不同阶段的特征和作用，要做到各项流程合理划分和各项环节的环环相扣，以此更高效地开展设备管理工作。

（1）输变电设备全生命周期管理的内容。

输变电设备全生命周期管理实现了设备各项环节的全面覆盖，涉及到规划设计、投入使用等各个环节。

（2）输变电设备全生命周期管理在电力企业的地位。

电力企业实施输变电设备全生命周期管理已经成为发展趋势。电力系统数据库中输变电设备管理是输变电设备全生命周期管理的重要组成部分。不断加强与发展电力企业的信息化管理水平能够加速电力企业的发展，更能够提高电力企业生产能力与经济效益。电力企业信息化管理水平随着现代化企业制度的改革深入在逐步提高。企业领导者越来越重视如何寻找到一种适合企业发展现状的设备信息化管理方式。在电力企业里更需要有新的系统的输变电设备管理理念，新的输变电设备管理信息技术手段。因此，输变电设备全生命周期管理信息化是电力企业实现信息化的必然选择。

4.1.2　基于强化学习的多模态电网设备管理知识融合技术

输电设备知识主要来源于输电设备精益化管理系统。输电设备知识图谱的融合流程如图 4-1 所示。

从不同电网设备管理系统获取的多源电网设备管理数据，需要进行融合，以形成一个更完整的知识图谱[17]。而知识图谱融合的核心问题在于实体融合，电网设备知识图谱融合首先对获得的知识图谱进行图谱去重，去除图谱中重复的实体，并在这一步骤进行实体消歧，获得高质量的知识图谱；其次采用知识表示学习将知识图谱进行量化，映射成为稠密低维向量，屏蔽不同知识图谱实体间的差异，将知识图谱映射到向量空间；然后通过机器学习挖掘知识图谱中实体间的关联性，构建知识图谱实体语义关联，为下一步的强化学习规则筛选实体提供实体关联数据；然后再根据挖掘到的知识图谱实体关联性，通过强化学习规则筛选符合融合规则的实体对进行融合；最终得到知识图谱融合的结果，完成两个数据源的电网设备管理数据知识融合。电网设备知识图谱融合算法将电网设备的相关管理知识进行了融合，在知识图谱融合阶段采用知识表示学习算法和强化学习方法相结合的方式对电网设备管理数据进行量化和挖掘，保证了融合结果的可靠性，为构建电网设备知识图谱提供了支持。

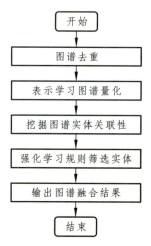

图 4-1　电网设备知识图谱融合流程图

通过数据库不同实例的形式提供关系型以及非关系型数据库兼容引擎，支持结构化、半结构化以及非结构化数据。构建多模数据库：支持包括 PostgreSQL、Oracle、Neo4j[18-19]在内的关系型、非关系型数据库，同时支持 JSONAPI 的半结构化数据引擎，兼容非结构化数据引擎。

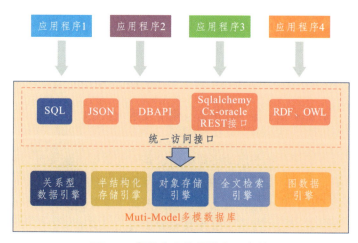

图 4-2　多模态大数据融合、存储

电网设备知识图谱是电力系统知识图谱构建和智能电力应用的关键支撑，具有重要意义[20]。它能够为电力调度服务提供精准高效的支持，并解决当前电力数据资源挖掘、管理和分析方面的困难[21]；多模态大数据融合和存储将来自不同来源的、不同模态的数据进行整合，从而形成一个更加全面且准确的数据集，提高数据的质量和数量，增强数据对于实际应用的价值[22]。

4.2　输变电设备数据特征提取

输变电设备数据可分为结构化数据和非结构化数据两类，其是否规则完整，以及是否能用关系型数据库进行表示和存储决定其分类。不同数据类别需要采用不同的知识提取策略，其流程如图 4-3 所示。

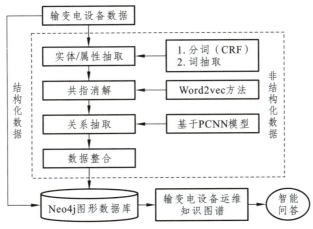

图 4-3　不同数据的知识提取策略

4.2.1　输变电设备结构化知识提取技术

输变电设备结构化知识提取技术指的是从台账数据、设备运行数据、工单数据等结构化数据中获取有用的、可增量补充的知识。这类数据主要以表格为主，是电网管理平台的主要数据源。知识提取过程需要将表格的行视为知识图谱中的实体节点名称，列视为关系，单元格中的值视为属性值进行处理，以构建知识图谱的基本元素"实体-关系-实体"的三元组，并将全部数据存储为 CSV 格式。在导入图形数据库时，可以使用 Neo4j 的 loadCSV 功能自动加载 CSV 文件，并创建知识图谱。

4.2.2　输变电设备非结构化知识提取技术

输变电设备非结构化知识提取技术是指从设备长文本、图片、音频/视频等非结构化数据中提取有用的、可增量补充的知识。这类数据相对于结构化数据来说提取更为困难。知识提取过程需要分别进行实体/属性抽取、共指消解、关系抽取和数据整合等步骤，其中共指消解是最为复杂的部分。该技术可以帮助电力系统管理人员从大量的非结构化数据中获取有价值的信息，提高管理效率和决策水平，为设备科学运行提供重要支持。

1. 实体/属性抽取

实体/属性抽取是指从设备数据、缺陷报告、运维记录等非结构化文本中提取设备相关实体和属性的过程。该技术对于设备运维和管理等应用具有重要作用，其步骤包括分词和词抽取两个部分。

（1）分词：分词是将非结构化文本转化为结构化数据的第一步。通过对预处理后的文本按照一定规则分割成单个单词或词组，并标注它们的词性和语法关系。

（2）词抽取：词抽取是实体/属性抽取的核心步骤，其目的是从分好词的文本中自动抽取出具有潜在实体或属性性质的词汇。其中，基于规则的匹配算法通常通过识别一些特定的语法规则。而基于机器学习的模型则需要训练一个模型，通过判定一个词语是否为预定义的实体/属性来进行抽取。

2. 共指消解

输变电设备非结构化知识提取技术中的共指消解是指在一篇文本中，识别和消解指代同一实体的词语。共指消解的主要目的是将不同的词语映射到同一个实体上，以便更好地理解文本中描述的实体及其属性。

为实现共指消解，需要使用自然语言处理技术，结合文本语义和上下文信息来确定指代实体。其中，采用 word2vec 方法训练语料，可以有效地刻画实体/属性之间的语义相似度。word2vec 是一种广泛使用的词嵌入模型，它可以将词语映射到一个高维向量空间中，从而实现语义上相似的词语在向量空间中距离相近的效果。

4.3 输变电设备数据字典的架构设计

4.3.1 输变电设备数据字典建立方法和理论

1. 输变电设备数据字典存储语言和结构

1）用于本体的存储语言和结构

用来存储本体的存储语言有以下几种：

a. OWL

OWL 用于描述概念的定义以及概念间的关系，不仅能够在概念上对客观实体进行描绘，也能在实体属性上进行相应补充。OWL 在对概念进行定义的同时也兼顾表示了概念间的相互关系，还拓展了知识推理等功能。

b. RDF

RDF（Resource Description Framework，资源描述框架），是在 XML 的基础上构建

的一种标准，可以用来描述任何资源的信息。它主要由"主语-谓语-宾语"的形式构成一个三元组，可以表示 Web 上的资源与其他资源之间的二元关系。

c. JSON

JSON（Java Script Object Notation，JS 对象简谱）是一种轻量级的数据交换格式。它基于 ECMAScript（欧洲计算机协会制定的 js 规范）的一个子集，采用完全独立于编程语言的文本格式来存储和表示数据。JSON 因数据结构并不复杂且层次结构新颖，在众多的数据交换语言中脱颖而出。相较于其他语言，JSON 的可阅读性和易编写性更强，在机器编译、解析和运行时也更加高效，这就在一定程度上更加有利于网络传输。

d. XML

XML（Extensible Markup Language，可扩展标记语言），是一种标记语言，标签没有被预定义，需要自行定义标签。因其应用程序有较好的兼容性，能够对 XML 的标签进行精准识别和应对，XML 的设计兼具了自我描述的性能。当然，这也就意味着应用程序本身决定了 XML 的标签能够实现的功能和目的。XML 语言的出现是为了简化传输数据的层次结构，提升传输效率，并不是针对数据的显示或增强语言的可读性。

e. DAML

DAML 是一种基于扩展标记语言（XML）的标记语言。与 XML 区别最大的地方在于 DAML 的设计宗旨就是增强语言描述的概念之间的关联性，建立起对象间的不同关系，描述甚至进一步在不同的系统网络间形成协同、共享数据的功能。

2）用于输变电设备数据字典的存储语言和结构

数据字典的存储语言有以下几种：

a. CSV。

CSV 是一种在诸多领域都用来存储语言的文件格式，深受个人、企业和实验研究的青睐。其最显著的特点是能够在未进行规范化、标准化的程序之间进行表格数据的转移和交换，尽管操作时程序之间的格式互不兼容。这一切都建立在 CSV 能够和大多数程序都完美契合的基础上，CSV 在大多数程序中都是可供备选的输入或者输出格式。

b. JSON-LD。

JSON-LD 处理算法和 API（JSON-LD Processing Algorithms and API）描述了处理 JSON-LD 数据所需的算法及编程接口，通过这些接口可以在 JavaScript、Python、Ruby 等编程环境中直接对 JSON-LD 文档进行转换和处理。

c. MySQL。

MySQL 是一个关系型数据库管理系统，关系数据库将数据保存在不同的表中，而不是将所有数据放在一个大仓库内，这样就增加了速度并提高了灵活性。MySQL 虽然是使用 C 或者 C++开发的系统，但它保证了对不同系统的兼容性，对不同汇编语言的包容性和对多线程、多存储引擎的支持，也能够对各种数据库进行管理开发。

d. Redis。

Redis 是完全开源的，遵守 BSD 协议，是一个高性能的 key-value 数据库。Redis 能够稳定、安全、永久地保存相关数据，将内存中的数据转入磁盘中，保证了数据使用的连续性、可加载性。而 Redis 对多种类型的数据都提供相应数据结构的存储，除了key-value 类型的简单数据，还满足 list、set、zset、hash 等诸多类型数据的要求。此外，Redis 还可以对数据进行备份，以其独特的模式保障了数据的持久化。

e. MongoDB。

MongoDB 的数据逻辑结构具有一定的层次性，主要由文档（Document）、集合（Collection）和数据库（Database）组成，如图 4-4 所示。

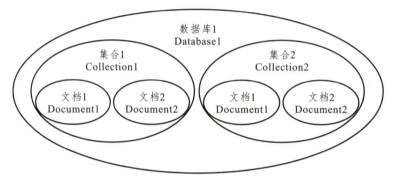

图 4-4　MongoDB 数据逻辑结构

2. 手动增量建立输变电设备的本体知识库

针对云南电网全省的 110 kV 及以上主要输变电设备，半自动地建立本体知识库。其主要设备包括但不限于：变压器，电压互感器，电流互感器，隔离开关，断路器，线路以及各个类型涉及到的零部件、故障、事件和相关的设备。根据电力相关标准名词术语简明词典，以及电力设备领域知识经验，对输变电设备表单数据进行手动提取输变电设备本体，建立本体知识库，其中需要借助的方法有以下几种：

1）DeepDive

DeepDive 是自然语言处理研究组开发的知识抽取工具，用于从文本中抽取结构化数据。DeepDive 能够从海量的暗数据（darkdata）中筛选出对工程实际有价值的数据。所谓的暗数据，就是藏匿于大量结构化、非结构化的数据中不够科学、严谨、其真实性有待商榷的数据结构。DeepDive 能够将文本、表格、图像等非结构化的数据转换成 SQL表，然后将其录入已经建成的结构化数据库，从而实现将暗数据转化为结构化的知识信息。DeepDive 在操作过程中还能够识别出概念之间的关联和关系，并能够结合实体分析其中隐匿的信息。

2）Snorkel

Snorkel 是一种快速创建、建模和管理训练数据的系统，目前主要聚焦在加速开发结构化或暗数据提取的应用程序，该应用程序适用于大规模标注训练及不切实际或不容易获取的领域。

3）OpenNRE

OpenNRE 因其简洁、清晰的层次结构，通俗易懂的编辑格式深受用户喜爱，特别是对关系抽取领域的初学者来说极为友好。OpenNRE 不仅支持用户在数据集上对各种代码进行模拟汇编和示例运算，还支持对预置的关系抽取模型赋予一键运行的功能和体验。OpenNRE 框架图如图 4-5 所示。

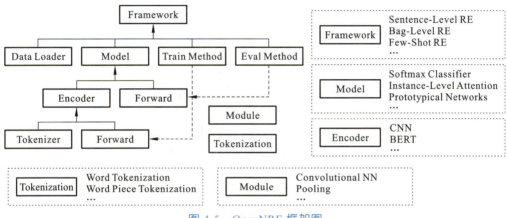

图 4-5　OpenNRE 框架图

4）DeepKE

DeepKE 是开源知识图谱抽取工具，支持低资源、长篇章的知识抽取工具，可以基于 Pytorch 实现命名实体识别、关系抽取和属性抽取功能，DeepKE 总体设计架构图如图 4-6 所示。

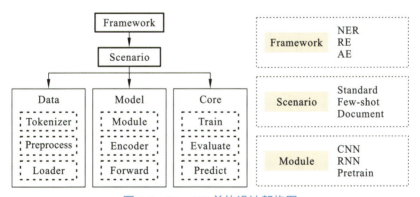

图 4-6　DeepKE 总体设计架构图

3. 基于自然语言处理的半自动构建输变电主设备的本体知识库

1）输变电设备数据清洗

输变电设备中存在着许多类型的数据，包括资产配置信息：主要包括设备的静态信息，包括铭牌参数（ID）、所属单位工区、设备名称、电压等级、制造厂商、安装时间等。针对数据格式混乱、重复数据或者脏数据等问题，需要对初始采集的输变电数据进行数据清洗和数据处理，数据清洗和数据挖掘关系如图 4-7 所示。

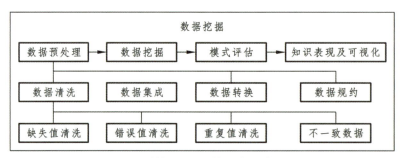

图 4-7　数据清洗和数据挖掘关系图

从技术手段来看，在数据采集部分，主要采用基于正则表达式的搜索与抓取。在数据预处理中[23]，通常采用正则表达式或聚类进行数据清洗。对于英文单词，可利用其间的空格来进行直接断词。对于中文，由于文字之间并不存在字符的间隔，需要进一步结合词表示和句法分析加以处理。

2）输变电设备语义分析

语义分析技术应用在输变电设备本体提取中，能够帮助更加精准地构建本体库。语义分析中需要用到的技术包括语义消歧，语义角色标注以及篇章语义分析。

a. 语义消歧

语义消歧是针对词意理解而提出的语言处理技术，不再需要人工去解析、推测和识别不同语言环境中的语义信息，可通过机器来处理该部分的工作。

b. 语义角色标注

语义角色标注（Semantic Role Labeling，SRL），也称为浅层语义分析，旨在分析并推导出句子的浅层语义。该技术把句子作为基本单元，将句子的谓词（predicate）与相应论元（argument）的关系视为基本语义的表达。根据预定义关系，SRL 识别并标注一个句子中的语义谓词和它的论元，即语义谓词的谓词-论元结构。确切地说，SRL 任务可视为标注一个事件的构成，即分析事件的施事者（agent）、受事者（patient）、手段（instrument）等，也包括时间和地点等修饰语。在计算语言学中定义为对给定谓词识别并标注其论元，用这些论元的语义角色标签来描述它们相对于谓词的语义。语义角色标注的基本流程如图 4-8 所示。

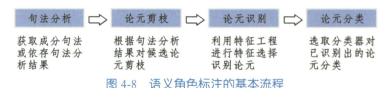

图 4-8　语义角色标注的基本流程

c. 篇章语义分析

篇章语义分析（Discourse Analysis）是将语言形成机内表示，不再是表层的无层次架构的文字序列，而是架构分明的深层表示。在语义分析的基础上，描绘出篇章涵盖的不同内容之间的语义信息，进一步表示出各个部分形成的各种语义关系，再结合篇章层面知识和外部环境信息，对原文语义进行最真实、最有效的阐释和理解，同时满足不同自然语言在应用处理时的要求。本文建立在词汇级、句子级语义分析之上，融合篇章上下文的全局信息，分析跨句的词汇之间，句子与句子之间，段落与段落之间的语义关联，从而超越词汇和句子分析，达到对篇章更深层次的理解。

3）建立输变电设备本体知识库

从输变电设备相关的文本等非结构化数据中提取实体信息，建立本体知识库。根据使用技术的不同，又可进一步分为基于概念聚类、基于关联规则[24]和基于模式等方法。

4. 输变电设备数据字典构建的通用架构

1）输变电设备数据字典元素表达基本框架

a. 数据字典元素表达式基本框架。

建立输变电设备数据字典的目的主要在于充分挖掘输变电设备研发、设计、生产、采购等环节的数据价值。针对输变电设备数据种类繁多，规范数据字典元素表达，基本框架如图 4-9 所示。

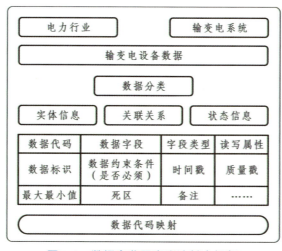

图 4-9　数据字典元素表达基本框架

2）输变电设备数据语义

从 Excel 报表表单中提取出数据项之后，就需要实现对该数据项的语义分析，不仅对单一数据项的组成结构进行分析，也要考虑该数据项的前后文关系，即表头信息和相关数据项信息。引入语境，从基于词法、基于句法两个方式对数据项进行分析，这样的语义分析更加全面，更有利于在数据元字典中查找匹配项。

a. 自然语言理解。

自然语言理解，严格来说是语言信息处理的一个拓展和研究方向。这也涉及到人工智能在相关领域开展的部分核心课题，在机器认识和理解语言的基础理论层面，使用计算机生成语言的现有技术来参与及推动自然语言理解目前的科学研究。

b. 语义分析的作用。

对词语的理解归根结底是对语义的深层次理解，语义分析在词的理解中所起的作用是非常重要的，主要包括以下三个方面：

① 说明句子的主目关系，即语义结构关系。

② 将句子的各个要素组合起来，使其明确化、整体化，并且以形式化的语言表达出来，即实现句子中意义的组合和表达。

③ 理清句子中在词语搭配上的语义限制条件，分清词语的主次关系。

c. 语义分析的方法。

目前，对语义分析的研究方法有谓词逻辑方法、格语法、语义网络方法、概念从属理论方法等。

3）输变电设备数据类型

a. 输变电设备结构化数据。

输变电设备的结构化数据主要包括本体数据、在线监测数据、试验数据等。

b. 输变电设备非结构化数据。

输变电设备的非结构化数据主要包括图像、视频数据与文本数据，来源于巡检记录、紫外/红外/可见光检测或监控、消缺报告、情况说明等。

4）输变电设备数据格式

计算机中每一种文件都有特定的后缀名，以区别于其他文件。其实，每种文件的后缀名就对应着该文件的专有数据结构，计算机利用这种数据结构将抽象的二进制码解译成程序或人能够识别的内容。许多数据文件，其存取是按照一定的形式进行的，一个完整的数据结构是一个数据单元，整个文件是由若干类结构重复的数据单元构成的。因此，文件的数据格式，是掌握该文件读写机制的关键。

4.3.2　构建输变电设备数据字典

1. 输变电设备数据字典建立流程

建立数据字典，需要先把输变电设备进行层级分类，再按照分层分类进行数据字典的建立。数据字典的内容包括五个方面：数据项、数据结构、数据流、数据存储和处理过程。

建立数据字典的流程如图 4-10 所示。

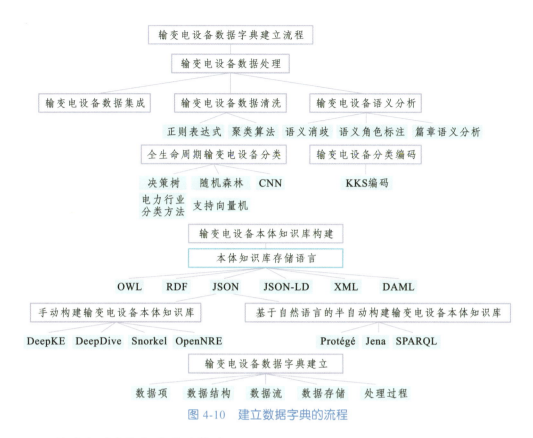

图 4-10　建立数据字典的流程

2. 输变电设备数据字典的构建

数据字典的构建框架是基于输变电设备本体知识库和设备分类来实现的，主要包括数据语义、数据类型、数据格式等。

数据字典的建立，将提供一个资源属性的出处，并且最终将形成统一的服务目录和信息集成的模型，来为后续的智能化进程的设计和实现奠定基础。资源描述目录是一个树形分类体系，在这个树形分类体系上，每个节点全部代表一个资源分类，而节点模型描述该资源分类所含有的树形，每一个节点、子节点对该类别进行更细致分类。从该树形树根节点至叶节点，路径上全部节点树形共同描述该类资源特征，同时，资源目录体系从实质上对应着实际资源信息模型，反映到共享系统底层数据库中，该资源目录体系直接决定设计了实际资源信息存放表格。在一定程度上，数据字典架构的体系设计依赖于资源目录的形成和支持。

建立输变电设备数据字典的步骤如下：

第一步：对输变电设备表单和日志数据进行数据清洗和数据处理，对文本数据进行语义分析，保留有效和易于识别的设备实体。

第二步：通过设备编码方法、基础设备分类方法以及决策树[25]、随机森林、CNN、支持向量机等机器学习方法，对全生命周期输变电设备进行分层和分类，按照主设备和不同类型的配件进行分类和编码。

第三步：通过手动提取以及基于自然语言处理，半自动构建输变电设备本体知识库，使用的工具可以是 DeepKE、DeepDive、snorkel、openNRE、Protégé、Jena、SPARQL。

3. 输变电设备数据字典的迭代完善

根据以上方法构建完数据字典之后，建立的数据字典知识库可能会存在着缺失和冲突的问题。采用反复增量迭代的方法，可以在不断迭代的过程中补充以及修正数据字典，借此方法不断完善数据字典。

4. 输变电设备数据流图展示

1）数据流图

在数据字典的构建分析中，通常使用语言描述、数据流图、控制流图、程序框图进行分析。针对海量大数据的信息处理系统，采用数据流图进行分析是必要的。当信息在程序中移动时，会被一系列变换所修改，数据流图（Data Flow Diagram，DFD）是描述信息流和当数据从输入移动到输出时被应用的变换的图形技术，数据流图中有加工、数据源/终点、数据存储、数据流四种基本成分，如图 4-11 所示，其中加工表示对数据的处理过程。

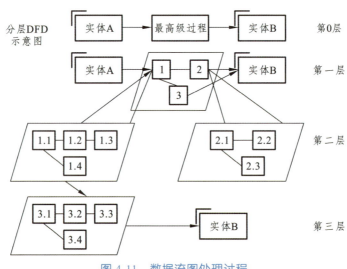

图 4-11　数据流图处理过程

2）输变电设备数据流图

a. 输变电设备运行数据流图。

电网基本运行数据是系统中主要输变电设备（如变压器、负荷开关、断路器等）运行状态的测量和记录数据，包括：运行状态数据（电流、电压、功率、电量和频率等模拟量和开关状态），事件记录数据（开关变位、保护动作、故障指示器动作、电流电压越限以及报警信号动作记录等），低压无功补偿数据（补偿电容器动作记录、补偿容量及补偿前后运行数据记录等），电能质量数据（电流与电压最大值及其相应的时间、电压越限时间和电压测量总时间、各次谐波电流与电压有效值、停电次数、停电持续时间、停电原因等）。这些数据由 SCADA 系统、配变综合测量装置或人工抄表产生，形成图 4-12 中数据流①，其历史记录为数据流②。

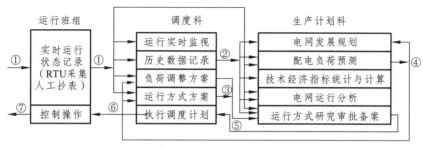

图 4-12　运行数据流图

b. 输变电设备检修巡视数据流图。

检修维护数据包括缺陷及处理记录、事故及处理记录、巡视记录、测试和试验记录、检修停电记录等数据。

运行人员通过监视、巡视或试验发现设备缺陷，由此产生缺陷记录初始数据（管辖单位、线路名称和编号或配电室编号、杆（柜）号、变压器编号、缺陷内容、缺陷类别、设备类型、缺陷程度、发现日期、发现人、处理意见等），由缺陷严重程度以及是否需要停电处理分别形成图 4-13 中数据流①～③生产技术部分。在计划检修缺陷和需要及时处理严重缺陷的数据流①、②上增加缺陷处理审批数据（审批与否和缺陷处理开始时间），形成数据流④。根据带电作业处理缺陷计划和业扩带电作业计划产生带电作业数据（作业单位、日期、站名、路名、开关号、线路编号、电压等级、作业方法、作业内容等），形成数据流⑤。检修或带电作业工作人员到现场处理缺陷之后，在数据流④或⑤上增加缺陷处理数据（处理开始时间、处理部门、处理完成日期、处理情况等），形成完整的缺陷记录数据流⑥。

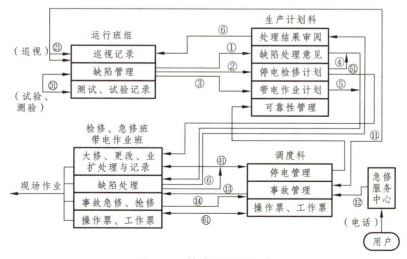

图 4-13　检修巡视数据流

c. 输变电设备资产和网络拓扑数据流。

设备资产数据包括输变电设备的技术参数和设备台账数据，网络拓扑数据为描述设备相互连接关系的数据。输变电设备的技术参数数据为：设备型号、生产厂家、额定电压、额定电流、额定寿命等额定参数。设备台账数据为：输变电主设备（如变压器、隔离开关、断路器、电缆等）的设备号或调度号、安装地点、安装时间、投入运行时间、设备定级、辅助设备等。输变电系统的扩建、更新和改造产生设备资产数据和新的网络拓扑数据，形成图 4-14 中数据流①；设备的定级试验测试数据形成设备资产数据流②；输变电生产设备和工具管理、统筹生产人员、电网运行分析研究以及实时监控所需要的基本设备参数及网络拓扑数据形成数据流③。

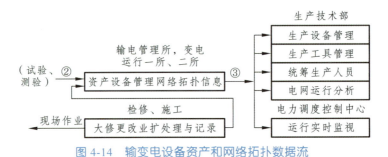

图 4-14 输变电设备资产和网络拓扑数据流

5. 输变电设备数据字典的构建结果

针对云南电网的 110 kV 及以上主要输变电设备，包括但不限于：变压器、隔离开关、断路器、电压互感器、电流互感器、线路，以及各类型输变电设备涉及到的零部件、故障记录、事件和相关的设备等。以云南电网为中心，下属 16 个供电局作为第一层级，各供电局下属变电站作为第二层级，各变电站所运行管理的相关输变电设备（变压器、隔离开关、断路器等等）作为第三层级，依次类推，各类型输变电设备涉及到的零部件、故障记录、事件和相关的设备等作为第四层级、第五层级等等。将这些信息以 RDF 三元组格式进行整理存储，便可形成输变电设备数据字典，RDF 格式数据字典可不断进行扩充，并且可用 Neo4j 图数据库进行可视化展示。

RDF 作为一种元数据的描述语言，具有简单、易扩展、开放性、易交换和易综合等特点。其独立于任何语言，适用于任何领域。随着语义网络的快速发展，RDF 数据格式被越来越多地运用于各类应用系统当中，将其作为输变电设备语义网络知识表示的数据格式无疑更有优势。RDF 采用了一种简易的描述方式，即以主体（Subject），谓词（Predicate），客体（Object）构成的三元组来表示资源，一组 RDF 数据可构成一个 RDF 有向图。RDF 图可以通过带有标签的节点和带有标签的边来表示，其中每一个三元组对应为图上的一个"节点—边—节点"的子图，陈述了由谓语表示的在主语和宾语所指的事物之间的关系。一个 RDF 图的结点就是它包含的所有三元组的主语和宾语，而边的方向总是指向宾语。通常可以把 RDF 图看作一个有向标记图，而图的语义含义就是其所有三元组陈述的直观合取。同时，RDF 模型的数据图形化分层结构也更为符合语义的内在逻辑层级关系，可以最大限度地保留知识数据中的语义信息，也更利于后续对语义信息的处理和查询。

将 RDF 数据模式与图存储方式相结合的优点主要有以下几方面：

a. 从 RDF 数据模式到图存储并不会损失输变电设备语义网络知识表示的直观性。

b. 图结构的存储符合 RDF 模型的语义层次，可以最大限度地保持输变电设备语义网络知识反应在 RDF 数据上的语义信息，避免了大量的重构 RDF 模型。

c. 图存储能够映射回 RDF 模型，代价较小，避免了为适应存储结构对数据进行过度转换。

d. 将输变电设备语义网络知识表示为 RDF 数据模式，增强了知识数据后续处理和交换的独立性，可以借鉴任意成熟的图算法、图数据库来设计承载输变电设备语义网络知识表示的 RDF 数据的处理算法与存储方案。RDF 格式数据字典可视化展示如图 4-15 所示。

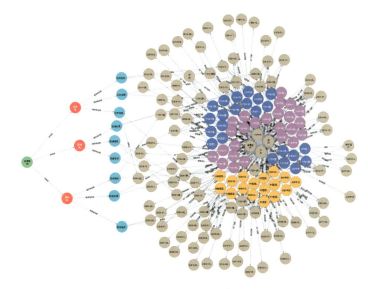

图 4-15　RDF 格式数据字典可视化

此外，Neo4j 作为一个用 Java 实现、完全兼容 ACID 的开源图形数据库。其又被称为 propertygraph，即除了顶点（Node）和关系（Relationship），还有一个重要的部分：属性。因而数据的存储主要分为节点、关系、节点或关系上的属性三类。无论是节点还是关系，都可以有任意多的属性，属性的存放类似于一个 hashMap，也为基于原始 RDF 模型数据的扩展提供了良好支持，降低了模式变更的延迟和数据信息损失。

6. 输变电设备数据字典的完成情况

整理隔离开关、断路器、避雷器、变压器、绝缘子、互感器数据，从系统数据和标准、专业文献、专著、网站资料等筛选出输变电站设备及其属性，提取隔离开关、断路器、避雷器、变压器、绝缘子、互感器的"实体-关系-实体"三元组，建立三元组（RDF）数据表格，每一种类型的实体节点名称和属性作为单个表格文件，节点间的每种关系也作为一个单独的表格文件，共得到 134 370 条 RDF 数据。其中，整理出 20 104 条隔离开关相关 RDF 数据、35 070 条断路器相关 RDF 数据、28 162 条避雷器相关 RDF 数据、990条变压器相关 RDF 数据、5 280 条绝缘子相关 RDF 数据、44 764 条互感器相关 RDF 数据。把这些包含实体和关系的文件导入到图形数据 Neo4j 里面，便可以生成输变电设备数据知识图谱，通过不同颜色区分的目的是便于节点分类，以及在数据查询时可以批量筛选。

由于现阶段数据量偏小，数据字典还不够完善，仍然存在关系缺失、信息抽取不全和不准确等问题，后期需要加大数据量的信息抽取，将输变电设备关系补全和更新，以便提高知识图谱质量。

4.4 输变电设备领域知识表示与建模

4.4.1 输变电设备的实体

对输变电设备进行实体抽取，其中实体包括变压器、隔离开关、断路器、避雷器、互感器、绝缘子以及对应的变电站。

4.4.2 输变电设备实体之间的关系

关系是实体与实体之间关系的抽象，如图 4-16，展示了某供电局管辖的输变电设备实体之间的关系，具体的关系包括：输变电设备、变电站、变压器、断路器、隔离开关。

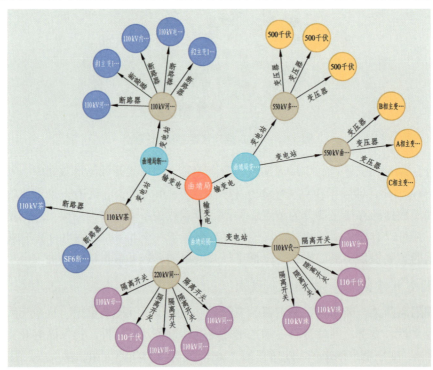

图 4-16 某供电局输变电设备实体之间的关系

4.4.3　输变电设备的实体属性

属性是对实体与实体之间关系的抽象，如图 4-17，主要以（实体，属性，属性值）的形式展示了输变电设备的属性参数，以实现输变电设备的完整性描述。

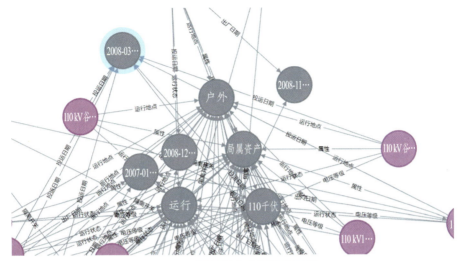

图 4-17　部分输变电设备的属性

4.5　输电设备领域知识图谱构建

4.5.1　输电设备数据实体抽取技术

输电设备数据实体抽取技术是一种自然语言处理（NLP）技术，用于从文本中识别和提取出与输电设备数据相关的实体，如参数、指标等。利用知识图谱技术，可以对这些数据进行知识抽取和整合，从而实现输电设备多源数据的统一和规范化。针对不同的数据格式，需要采用不同的知识抽取方法。

结构化数据主要指生产运维系统数据、传输设备精益管理系统、变电站现场运维数据采集系统数据以及运维自动化平台部分数据[26]。这些结构化数据由关系数据表支配。为了解决数据异质性的问题，关系数据库的表可以被认为是一类，每一列代表属性，每一行代表实体，单元格的值代表属性值。为了将收集到的数据标准化成统一的实体形式，可以使用 OWL 语言。OWL 是一种实体描述语言，它记录类之间的属性和关系，并对类和实体进行推论。使用 OWL，结构化数据可以被描述为实体，它同时具有表示实体之间的拥有关系和继承关系的类和包括对象属性和数据类型属性的属性。

在域知识图的构建中，关系数据库等结构化数据是重要的信息源。因此，从关系数据库中提取信息是重要的知识提取方法。R2RML 映射语言允许用户使用自己的映射规则来实现数据转换，灵活地创建关系数据的视图。描述结构化数据的本体语言结构图如图 4-18 所示。

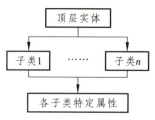

图 4-18　本体语言示例图

半结构化数据主要指运维自动化平台数据的部分数据，且主要指其中的量测、监测数据，这部分数据大多数是时序的规则数据。目前，半结构化数据提取方法分为手动法、归纳法和自动提取法三种。手动方法基于半结构化数据结构的手动分析，构建适合于当前半结构化数据的提取规则。这种方法关联性强，效率高，但需要大量人力开发和维护数据模板，移植性差。该引导方法基于来自标记学习示例的学习提取规则，提取具有相同模板的其他半结构化数据。这是监督提取方法，其性能取决于带注释数据的质量。基于半结构数据的聚类和分组，通过对规则模式进行挖掘，自动生成适用于相同类似半结构数据组的提取规则。这是一种无监督的方法，它的优点是不需要手动对数据进行标记，但是它可能会面临数据的高噪声提取问题。因此，本文对于半结构化的电网设备数据，通过正则表达式和半结构化数据的指标信息抽取实体。使用归纳方法从已有半结构化数据中抽取对应的规则，并将规则转换成正则表达式，从而实现半结构化数据实体的抽取。正则表达式（Regular Expression），又称为规则表达式，通过正则表达式，可以用一个单独的字符串来描述和匹配一系列符合预定义句法规则的文本模式。这个模式可以包含普通字符和特殊字符（也称为元字符），用于在文本中进行灵活的搜索、匹配和替换操作，同时结合半结构化数据的指标信息，可以对半结构化的电网设备数据进行逻辑过滤，获取符合实体规则的特定实体。

对于非结构化数据，主要指人工数据管理平台获得的各种文本数据。针对这部分数据，实体抽取重点是考虑电力系统领域文本存在的特殊语法特征，结合自然语言处理技术，从文本数据识别、抽取出电网设备的相关实体。

文本是一种包含丰富信息的非结构化数据，它不能直接进行计算和分析，因此需要将其转化为结构化的形式，以便计算机能够处理。文本表示的目的是将非结构化的文本信息转换为机器可理解的结构化向量或数值形式。其中，词嵌入是一种文本表示方法，旨在将高维的词语表示（如独热编码形式）映射到低维连续空间中的向量，这些向量通常被称为词向量。通过词嵌入，词汇表中的每个词都被映射为一个具有语义信息的向量，使得词之间的语义关系能够在向量空间中得以体现。这些词向量可以作为文本处理的最终结果，例如用于词语相似度比较、文本分类、情感判断等任务。另外，词向量也可以作为神经网络层的输入向量，用于更深层次地挖掘和学习有用的信息。通过这种方式，词嵌入可以帮助提升文本处理任务的性能和效率。

Word2vec 是一种重要的词嵌入方法和工具。它采用基于统计方法的词向量模型，旨在将高维的词汇表示转换为低维的连续向量，从而捕捉词语之间的语义关系。该算法有两种训练模式：一种是 Continuous Bag-of-Words Model（CBOW），通过上下文来预测当前词；另一种是 Continuous Skip-gram Model，通过当前词来预测上下文。这些模式在训练过程中会考虑词语的上下文信息，从而将语义相关的词在向量空间中彼此靠近，形成带有语义关系的词向量。

在基于神经网络的任务中，如命名实体标记等，使用 Word2vec 进行词级别或字级别的向量表达是一种有效的方法。Word2vec 可以将每个词或字转换为带有语义关系的向量表示，其中包含了词与词之间的临近关系。将这些带有语义关系的向量作为模型的输入，可以显著优化模型的效果，并提高模型在文本处理和自然语言理解任务上的性能。Word2vec 模型如图 4-19 所示。

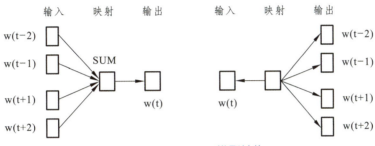

图 4-19　Word2vec 模型结构

4.5.2　数据关系抽取技术

实体关系抽取是知识抽取任务中的一个重要方面，其目标是从给定的文本数据中，通过实体识别的过程，提取出预先定义的实体之间的关系。这些实体对的关系可以以关系三元组<e1，r，e2>的形式进行形式化描述，从而获得实体之间的关联信息，为构建知识图谱提供支持。传统的实体关系抽取方法包括基于自然语言处理的技术和基于深度学习的方法等。

基于深度学习的实体关系抽取[27]、实体关系识别和实体关系分类是三个紧密相关的任务，它们在自然语言处理和信息抽取领域起着重要的作用。实体关系抽取是从文本数据中提取实体之间关系或联系的任务。在有监督学习方法中，可以采用流水线学习或联合学习的方式来解决这一任务。流水线学习首先进行实体识别，然后在已识别的实体基础上进行关系抽取。相比之下，联合学习利用端到端的神经网络模型，同时完成实体识别和关系抽取，使得两个任务能够相互促进、共同优化，从而提高抽取的准确性和效率。

4.5.3　基于语义网型的电网设备知识图谱存储技术

语义网的核心目标是为万维网上的信息赋予计算机可理解的语义，从而使智能代理能够有效地检索和访问分布在万维网上的异构信息。通过在信息中加入语义描述，语义网实现了信息的全方位互联，使得不同资源之间能够更加智能地交互和共享知识。

语义网采用多层次的表示框架，其中 XML（eXtensible Markup Language）用于描述文档结构，而 RDF（Resource Description Framework）用于描述结构之间的语义关系。XML 提供了一种灵活的标记语言，但没有对结构本身的语义进行明确描述。因此，引入 RDF 作为元数据模型，通过三元组集来表示元素之间的关系，从而为 XML 数据规定语义。RDF 的作用在于标准化、具有互操作性地描述数据语义，它使得信息可以以一种具有语义特征的方式进行表示和交换，为 Web 数据集成提供了元数据解决方案。要实现计算机之间的相互理解，需要建立共同的标准概念体系，这就是本体（Ontology）。本体最初来源于哲学领域，它是对现实世界中客观存在的事物进行系统化描述的方式，即对事物进行概念化的明确规范说明。

1. 分布式存储模式总体设计

随着云计算技术在企业信息化中逐步普及，较大规模的图数据在存储时大多都应当支持云计算环境的分布式系统进行存储，以增强系统在存储和处理大量图数据时的开发和扩展能力。为此本文中构建的电网设备语义网络知识表示模型将支持以 RDF 数据形式直接在图形数据库 Neo4j 中进行分布式存储。其总体架构如图 4-20 所示。

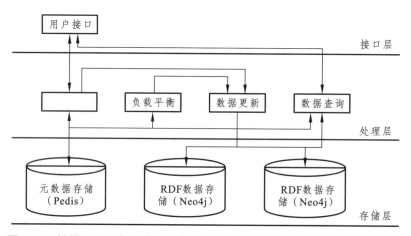

图 4-20　基于 Neo4j 电网设备语义网络知识表示 RDF 数据分布式存储架构

1）从 RDF 数据模式到图数据模型的映射

RDF 数据集由许多 RDF 语句组成，每个语句都表示了一个三元关系，其中包含一个主体、一个属性和一个客体。主体代表了被描述的设备资源，而客体则表示了主体在属性上的取值，这可以是另一个设备资源或者是文本信息。从图数据模型的视角来看，每个 RDF 语句对应于图中的两个顶点以及连接这两个顶点的一条有向边。主体和客体分别对应图中的两个顶点，而属性则对应连接这两个顶点的有向边。图中的顶点代表了实体或对象，而有向边表示了它们之间的关系。

2）分布式存储模式各部分设计

该系统采用了分布式存储架构，以支持 RDF 数据的存储和查询。为了实现分布式存储，系统引入了逻辑处理层，该层在存储层的基础上增加了记录 RDF 数据存储位置的功能。具体而言，系统将 RDF 数据分成两类：存储数据和索引数据。存储数据是实际的 RDF 三元组，按照一定的策略分布到不同的存储节点上，从而实现了存储层各个节点相互独立的存储。这样的分布式存储策略确保了数据在多个节点上的分散存储，提高了系统的扩展性和容错性。索引数据是为了支持查询而生成的索引信息，它记录了 RDF 数据在存储层的位置。在存储 RDF 数据时，系统逐条记录每个三元组的存储位置，确保其可以在逻辑处理层进行定位。

目前，SPARQL 是常用的 RDF 数据查询语言，它允许指定一组 RDF 三元组匹配模式，通过这些模式从 RDF 数据集中搜索匹配的 RDF 数据。然而，Neo4j 图形数据库并没有直接提供对 SPARQL 的原生支持。相反，Neo4j 使用自己的查询语言 CYPHER 来进行数据查询。因此，在使用 Neo4j 图形数据库进行 RDF 数据查询时，需要将 SPARQL 查询转换为 CYPHER 查询语句。

在 Neo4j 的存储层中，目前主流的图数据存储模型主要有两种：简单图和超图。在单个 Neo4j 图数据库中，数据以图的形式进行存储和建模。图由节点（Node）和关系（Relationship）构成，其中每个节点和关系都可以拥有多个属性（Property）。由于图数据可能非常大，无法完全装入内存，因此 Neo4j 采用了基于 DISK 的存储方式，并使用 NoSQL 图索引实现对图数据的调入和调出。对于图数据的搜索，Neo4j 提供了基于 Lucene 的全文索引机制，可以快速搜索节点和关系。每个节点、关系和属性在 Neo4j 中都是独立存储的，并且遵循自然顺序。节点和关系的唯一标识是它们的名称，在图中找到特定节点或关系需要依赖索引。节点和关系可以拥有属性，通常以键值对（Key，Value）的形式表示。这些属性可以存储节点和关系的具体信息，从而丰富了图数据库中的数据内容。通过图数据库的灵活数据模型，可以方便地管理和查询图数据，以满足不同应用的需求。基于 Neo4j 的 RDF 模型图如图 4-21 所示。

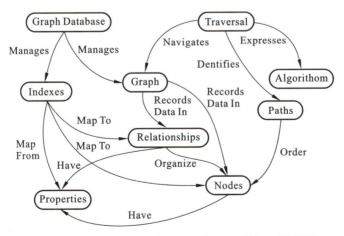

图 4-21　基于图形数据库 Neo4j 的 RDF 数据存储模型

其中，Node 和 Relationship 组成了一个有向图，Property 部分则可以附带上对应的数据，以成为内容更为丰富的图数据库。

本书旨在应对电网设备管理数据的多样性和复杂性，实现基于多源数据（结构化、半结构化、非结构化）的电网设备管理关键要素及特征的知识图谱构建与知识融合。在整个过程中，还会结合领域专家的知识，并应用潜在语义分析等技术，对获取的电网设备知识图谱进行逐步求精，以形成基于 RDF 数据模型的电网设备语义网络知识表示[28]。最后，使用开源图形数据库 Neo4j 作为基础，实现电网设备知识图谱的分布式存储。

4.5.4　基于知识图谱和机器学习的电网设备数据可视化技术

在电网设备数据中，可视化技术扮演着关键的角色，它将电网设备的运行状态、属性等信息通过先进的图形技术和算法进行处理，将复杂的数据呈现为直观的图片和图形，使操作人员能够更加清晰地了解电网设备的实际运行情况。这样的可视化呈现使得操作人员能够迅速了解电网的状况，从而采取有针对性的运行方式和控制措施。

知识可视化是一种利用图形图像手段来呈现、传达和展示复杂知识的方法。它结合图形设计、认知科学等领域的知识，与视觉表现紧密相关。在知识可视化中，视觉表征起着重要的作用。举例来说，概念图是一种图形化知识表征方式，它基于有意义学习理论，用于展示概念之间的关系；知识语义图则以图形的形式展示概念及其层次结构；而因果图是基于个体建构理论提出的图形化知识表征技术。可视化手段可以帮助人们更好地理解复杂的知识，并促进知识之间的交流与传播。

将可视化技术应用于电网设备数据的目的是利用先进的分析技术、数值分析理论、计算机数据处理和显示技术，来构建一个直观的电网设备数据可视化平台。通过该平台，可以直观展示电网设备的运行状态和相关数据，使人们能够更加清晰地了解电网设备的实时运行情况。这将大大提高系统运行人员的工作效率，让他们能够及时掌握电网设备的健康状况，及早发现潜在的问题，并采取相应的措施进行处理，从而降低电网设备运行故障发生率，确保电网的安全稳定运行。

当电网设备发生故障时，远程运维平台能够快速地获取故障类型、地点以及原因等信息。通过数据融合和分析，成功建立了针对不同故障类型的故障模型，并利用丰富的电网设备故障数据案例库对这些模型进行了训练。现在，当故障事件发生时，平台可以根据实时的开关变位、采样数据、波形等信息进行深入分析和判断。在故障发生后，系统将生成一份故障简报，其中包含了重要的信息，如故障类型、故障位置定位、故障数据以及发生时间等。这样的简报为运维人员提供了快速准确的故障诊断结果，有助于他们更快速地采取正确的故障处理措施。

除了故障类型和位置定位，平台还对保护措施的动作行为进行了判断和分析。使用知识图谱和机器学习技术对电网设备进行异常检测，能够更加全面有效地利用设备的状态信息，对设备的异常情况做出更加可靠、精准的检测，通过电网设备各种信息对其运行状态产生影响情况进行可靠性分析。

第 5 章　柔性定制和知识图谱在输变电领域的应用

电力规划设计总院发布《中国电力发展报告 2023》显示，2022 年，我国电力需求稳步增长，全社会用电量达到 8.6 万亿千瓦时，同比增长 3.6%，未来 3 年，全国电力需求仍将保持刚性增长[29]。输变电系统作为电力系统中发电端和用户端之间的桥梁，会在运行中产生多种类型缺陷和故障，且缺陷故障原因多样。如果不能及时地发现原因并进行处置，不仅会造成供电的延迟，也会造成巨大的能源浪费。但是，目前状态评估和故障处理等高度依赖现场处置人员的运维经验和技能水平，缺乏有效的智能分析手段和专家支持平台，智能化分析和辅助决策手段不足。同时，电网累计海量的数据，包括结构化和非结构化数据，例如设备状态数据、故障数据、试验报告、规程等。目前对这些数据的挖掘尚不充分，而传统的大数据分析和智能算法主要针对结构化的数据，对非结构化数据的应用上尤其欠缺，例如大量的试验报告数据在运维中发挥的作用有限。对非结构化的文本数据的处理和使用需要相关的自然语言处理技术，以及当前的大模型技术；而同时电网还存在具有破坏性的故障和事件，这类故障或者事件只在当所有不常发生的条件同时具备时才会触发，属于小样本事件，具有偶发性但破坏力强，这类故障和事件难以适用于大数据分析技术，需要像知识图谱这类可靠性技术进行小样本推理。大数据分析技术、智能算法、知识图谱、自然语言处理技术等需要具有计算机背景的专业人员进行模型选择、构建、参数寻优，并在具有电网专业知识的人员的指导、建议下进行分析，这对电力行业大部分的现场运维工作人员来说门槛较高，使用难度大。针对电网的特点和目前的困境，开发针对电网工作人员的便捷、柔性可定制化的大数据分析智能算法技术和软件，兼具小样本推理能力的知识图谱技术非常重要。混合技术的应用能充分挖掘目前已有的各类海量数据的潜在价值，实现对电力系统的实时监测和远程控制，有助于及时识别潜在问题并采取措施，以最小化故障对系统的影响，实现输变电系统智能辅助运维。

5.1　柔性定制化分析输变电设备状态

5.1.1　柔性定制化智能数据分析

柔性定制化通常用于描述产品、服务或系统的开发和提供方式，以满足个体或特定用户的需求，同时保持一定程度的灵活性和可调整性。它强调了定制化和灵活性之间的平衡，使得制造商、服务提供者或开发者能够在一定程度上满足不同用户的需求，而不必重新设计或生产每个产品或服务。柔性定制化在多个领域中得到应用，包括制造业、医疗保健、零售、软件开发等。面对电力行业累积的海量数据以及电力行业对数据的多种分析的需求，构建柔性定制工具软件，允许用户根据其特定需求和偏好进行个性化定制，包括功能、处理流程、模型、个性化展示，从而深度挖掘数据蕴含的价值，提高企业的适应性和竞争力。

从以上的分析知道，可以通过数据分析方式实现柔性定制化功能从而满足对输变电设备数据多样化分析的需求。但在实际的生产需要中，面临的问题复杂多样，不能通过单一的数据分析方法解决所有的问题。因此需要进行融合不同的数据分析方法以及智能算法，在既满足数据分析的必要原则的情况下，又能够实现解决实际问题的需要。为此，引入了"模块化"的软件构建思想，将数据分析划分为独立的功能模块，这些模块可以独立地进行特定子功能分析，然后所有的模块按一定方法进行组合，进而满足输变电设备在不同领域数据分析的需求[30]。此设计方法具有灵活性、可维护性和可升级性的特点，能有效地降低软件处理和大数据分析的复杂性，能够快速响应输变电设备处置多样化需求，满足用户需求的个性化和多样化需求[31]。

5.1.2　输变电设备柔性定制分析模块划分

依据数据分析的步骤流程，输变电设备柔性定制分析软件可以被分为数据、数据预处理和数据算法三个模块，如图 5-1 所示。

图 5-1　输变电设备柔性定制数据分析模型图

5.1.3.1　数据模块

为了更好地管理数据，数据模块被分为数据源模块与数据集模块，其区别在于[32]：

（1）定义：数据源用于描述数据存储的位置和连接方式，是数据库连接的逻辑表示或抽象层；数据集是对数据的一个逻辑描述和封装，用于存储和操作数据库中的数据。

（2）存储：数据源通常不存储具体的数据，而是指向或连接到实际存储数据的位置；数据集用于存储实际的数据，可以包含多个数据表和关系。

（3）用途：数据源用于建立与数据库的连接，并执行数据库操作；数据集用于存储和处理数据，如查询、过滤、排序等。

（4）数据量：数据源通常包含大量的数据，涵盖整个数据库或数据库中的某个部分；数据集通常只包含满足特定条件的一部分数据。

　　数据源是数据分析、业务智能和其他信息处理活动的关键组成部分。对于输变电设备的运维来说，有效地管理和利用不同数据源中的信息是进行数据分析从而实现故障诊断和状态评估的关键因素。具体形式包括但不限于数据库、文件、传感器、API（应用程序接口）、日志文件、云服务等。这些数据源可以包含结构化数据（如数据库中的表格）、半结构化数据（如 XML 或 JSON 文件）和非结构化数据（如文本文件或图像）。面对输变电设备长期运行产生的大量多模态数据，在输变电智能分析软件中采用 multi-model database system 形成一个数据源，将数据统一管理。multi-model database system 是指构建一个数据库系统来管理多模型数据，提供统一的用户接口、查询语言、系统运维方式，并为多模型数据管理的性能、扩展性、崩溃恢复提供统一保障。其优点是灵活性：多模型数据库系统可以根据不同的数据模型来优化查询性能，可以提高查询效率；多模型数据库系统也可以根据不同的数据模型来扩展数据库，可以更好地适应不同的数据增长需求。在柔性定制智能数据分析软件中，数据源模块功能包括新增、修改、删除、预览该数据源下的数据表等操作，数据集管理时需要使用数据源信息[33]。多模态数据库结构示例和实现结果如图 5-2 所示。

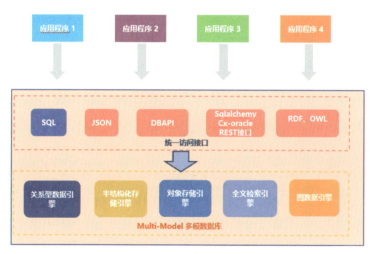

图 5-2　多模态数据库结构示例和数据源实现图

数据集是以内存为基础的数据结构，用于存储和操作数据库中的数据。功能包括新增、修改、删除、预览该数据集下的结果列表等操作，其实现结果如图 5-3 所示。

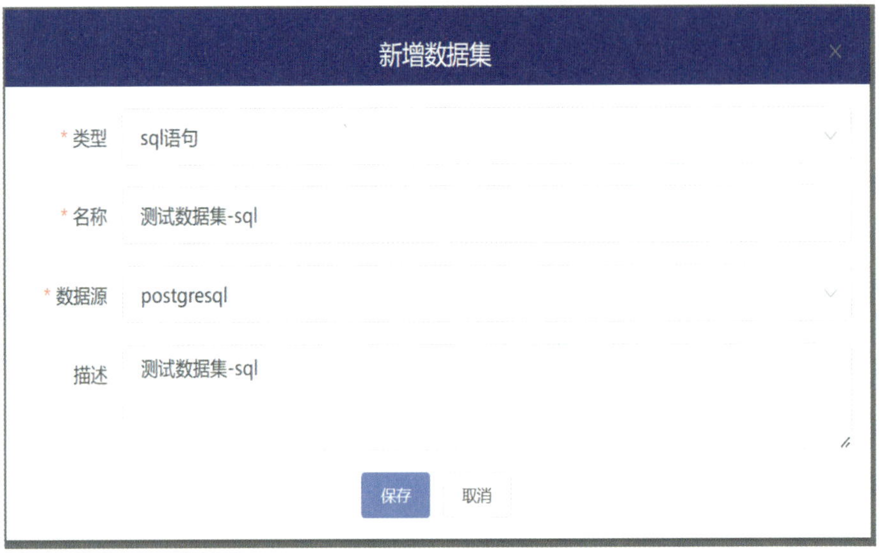

图 5-3　数据集实现图

5.1.3.2　数据预处理[34]

数据存在的异常、缺失和重复，为了后续数据分析能够得到更合理和准确的结果，需要对数据进行清洗工作，通过丢弃、填充、替换、去重等操作达到去除异常、纠正错误、补足缺失的目的。

1. 缺失值的处理

缺少值的处理包括删除缺失值、不处理、数据补全。删除缺失值直接的删除相关的数据记录，简单、直观，不需要对数据进行修改，但可能会导致信息丢失，适用于缺失比例较小的情况，在缺失值较多的情况下，可能会削弱后续模型的性能。在有大量特征时，如果某一些特征缺失较多，但是该特征对总体预测无太大影响，可以直接的舍弃该特征。如果后续模型对于缺失值具有容忍度或者灵活的处理方法，那可以不对缺少值进行处理。数据补全包括以下方法：

（1）类均值补全：对于数值型的数据，使用均值、加权均值、中位数等方法补全；对于分类型数据，使用众数补足。优点是简单、快速，不引入额外的噪声，适用于缺失值随机分布的情况；缺点是忽略了特

（2）插值补全：如线性插值、多项式插值，其考虑了特征之间的关系，更准确地估计缺失值，但对于非线性关系的数据，线性插值可能不够准确，对于高维数据，插值方法的计算复杂度可能较高。

（3）模型法补全：更多时候我们会基于已有的其他字段，将缺失字段作为目标变量

进行预测，从而得到最为可能的补全值。使用这种方法时，考虑了特征之间的复杂关系，可以更好地保留数据的结构。但是对于小样本数据，可能过拟合，且需要训练模型，计算成本较高。

2. 异常值处理

异常值是数据中的极端的观测值，即在数据集中存在不合理的值，又称离群点，其可能是一种错误或者特殊情况，这种异常的存在可能导致后续数据分析的错误。通过对数据简单的描述性统计分析，例如最大最小值可以判断是否存在超过合理的范围的异常值，通常采用以下几种处理方法：

（1）数据服从正态分布：根据正态分布的定义可知，距离平均值 3δ 之外的概率为 $P(|x-\mu| > 3\delta) <= 0.003$，这属于极小概率事件，在默认情况下我们可以认定距离超过平均值 3δ 的样本是不存在的。因此，当样本距离平均值大于 3δ，则认定该样本为异常值。

（2）四分位数检验/箱型图分析：将所有数据按大小排序，找到其中上四分位数 UQ（Q3）和下四分位数 LQ（Q1），计算其差值 IQR=UQ-LQ（中四分位范围，IQR，即内50%范围），所有在[LQ-1.5IQR，UQ+1.5IQR]范围之外的数据都可以判定为异常值。可以通过绘制箱形图进行直观判定，其能够反映原始数据分布的特征，还可以进行多组数据分布特征的比较。

（3）基于模型的检验：如 DBSCAN、Elliptic Envelope、one Class SVM、孤立森林、Local Outlier Factor（LOF）等。

3. 重复值的处理

在数据中存在多条相同记录的数值，通常删除重复记录，但在分类问题中存在一种特殊情况。当样本不均衡时，通常通过随机过采样，简单复制样本的策略来增加少数类样本，这导致多条相同记录，此时就不能对重复值进行去重操作。

4. 标准化

将不同规格的数据转换到同一规格或不同分布的数据转换到某个特定范围，以减少规模、特征、分布差异等对模型的影响。数据标准化可以加快求解速度，避免一个取值范围特别大的特征对计算造成影响。

Max-Min 归一化：

（1）也称为离差标准化，是对原始数据的线性变换，使结果值映射到[0，1]。转换函数如下：

$$x_{new} = \frac{x - x_{min}}{x_{max} - x_{min}} \qquad (5\text{-}1)$$

其中，x_{max} 为样本数据的最大值，x_{min} 为样本数据的最小值。这种归一化方法比较适用在数值比较集中的情况。但是，如果 x_{max} 和 x_{min} 不稳定，很容易使得归一化结果不稳定，使得后续使用效果也不稳定，实际使用中可以用经验常量值来替代 x_{max} 和 x_{min}。而且当有新数据加入时，可能导致 x_{max} 和 x_{min} 的变化，需要重新定义。通过数据映射到指定的范围内进行处理，更加便捷快速。同时把有量纲表达式变成无量纲表达式，便于不同单位或量级的指标能够进行比较和加权。经过归一化后，将有量纲的数据集变成纯量，还可以达到简化计算的作用。

Z-Score 标准化：

（2）这种方法给予原始数据的均值（mean）和标准差（standard deviation）进行数据的标准化。经过处理的数据符合标准正态分布，即均值为 0，标准差为 1。公式如下：

$$x_{new} = \frac{x - \mu}{\sigma} \tag{5-2}$$

其中，μ 是样本数据的均值（mean），σ 是样本数据的标准差（std）。此外，标准化后的数据保持异常值中的有用信息，使得算法对异常值不太敏感，这一点 Max-Min 归一化就无法保证。其作用提升模型的收敛速度（加快梯度下降的求解速度）、提升模型的精度（消除量级和量纲的影响）并简化计算（与归一化的简化原理相同）

如果要进行 0-1 标准化或者将要指定标准化后的数据分布范围，那么使用 Max-Min 标准化，但 Max-Min 标准化对异常值特别敏感。如果要做中心化处理，并且对数据分布有正态要求，那么使用 Z-Score 方法，当前大多数机器学习算法使用 Z-Score 方法来对特征进行标准化。

5. 数据离散化

数据离散化操作大多是针对连续数据进行的，处理之后的数据值域分布将从连续属性变为离散属性，这种属性一般包含 2 个或 2 个以上的值域。数据离散化可以节约计算资源，提高计算效率，还可以增强模型的稳定性和准确度，数据离散化之后，处于异常状态的数据不会明显地突出异常特征，而是会被划分为一个子集中的一部分，如 10000 为异常值，可以划分为>100，这会大大降低异常数据对模型的影响，尤其是基于距离计算的模型。

1）时间序列离散化

可以将细粒度的时间序列数据离散化为粗粒度的 2 类分类数据，例如上午，下午；离散化为顺序数据，例如周一、周二、周三等；离散化为数值型数据，例如一年有 52 个周，周数是数值型数据；

2）连续数据离散化

连续数据的离散化结果可以分为两类：

一是将连续数据划分为特定区间的集合，例如将年龄分为（0，10]，（10，20]，（20，30]，（30，40]，（40，50]，（50，60]，（60，70]，（70，80]，（80，90]，（90，100]，（>100）；二是将连续数据划分为特定类，例如将期末成绩评分分为 A，B，C，D 四个等级。

常见实现针对连续数据离散化的方法如下：

① 分位数法：使用四分位、五分位、十分位等分位数进行离散化处理，这种方法简单易行。

② 距离区间法：使用等距区间或自定义区间的方式进行离散化。这种方法比较灵活，并且可以较好地保持数据原有结构分布。

③ 频率区间法：将数据按照不同数据的频率分布进行排序，然后按照等频率或指定频率离散化，这种方法会把数据变换成均匀分布，但是会改变原有数据结果分布。

④ 卡方过滤：通过基于卡方的离散化方法，找出数据的最佳临近区间并合并，形成较大的区间。

⑤ 聚类法：如 KMeans 聚类离散化：是一种无监督学习的方法，它可以将数据集分成 K 个不同的簇。对于每个簇，可以使用该簇的中心值或者其他统计值（如中位数）来表示整个簇。这个值可以作为该簇的代表，也可以作为对应类别的标签。使用簇标签和对应的簇代表值，将原始数据集映射到离散化的表示形式。

6. 样本分布不均衡

样本分布不均衡主要在于不同类别间的样本比例差异，样本不均的问题无法避免。如果不同分类间的样本量差异超过 10 倍或 20 倍时，就必须要通过过采样或者欠采样进行处理，否则会造成过拟合或者模型偏差。样本不均分为大数据分布不均衡和小数据分布不均衡：

（1）大数据分布不均衡：整体数据规模大，只是其中的小样本类的占比比较小。但是从每个特征的分布来看，小样本也覆盖了大部分或全部的特征。例如，1000 万条数据集中，某类数据覆盖大部分特征但只有 50 万条。

（2）小数据分布不均衡：整体数据规模小，并且占据少量样本比例的分类数量也少，这会导致特征分布的严重不均衡。例如，拥有 1000 条数据样本的数据集中，某类只有 10 条样本，特征不完整，属于严重的数据样本分布不均衡。

可采用过采样和欠采样均衡样本：

（1）过抽样：又称上采样，通过增加分类中少数类样本的数量来实现样本均衡，最直接的方法是简单复制少数类样本以形成多条记录。这种方法的缺点是，如果样本特征少可能导致过拟合。经过改进的过抽样方法会在少数类中加入随机噪声、干扰数据、或通过一定规则产生新的合成样本。针对随机过采样产生模型过拟合的问题，SMOTE（Synthetic Minority Oversampling Technique）改进了随机过采样算法，基本思想是对每个少数类样本 a，从它的最近邻中随机选一个样本 b，然后在 a、b 之间的连线上随机选一点作为新合成的少数类样本添加到数据集中，算法流程如下：

① 对于少数类中每一个样本 x，以欧氏距离为标准计算它到少数类样本集中所有样本的距离，得到其 k 近邻。

② 根据样本不平衡比例设置采样比例以确定采样倍率 N，对于每一个少数类样本 x，从其 k 近邻中随机选择若干个样本，假设选择的近邻为 x_n。

③ 对于每一个随机选出的近邻 x_n，分别与原样本按照如下的公式构建新的样本。

$$x_{new} = x + r\,and\,(0,1)^*(x'-x) \tag{5-3}$$

（2）欠抽样：又称下采样，通过减少分类中多数类样本的数量来实现样本均衡，最直接的方法是随机去掉一些多数类样本来减小多数类的规模。但此策略可能会丢失多数类样本中的一些重要信息。

5.1.3.3　智能算法[35]

本节分别讲解本柔性定制工具中的部分算法。

一、回归和分类算法

1. 线性回归（Linear Regression）

线性回归是一种用于建模自变量（输入）与因变量（输出）之间线性关系的统计方法，被广泛应用于各种领域，包括经济学、统计学、生物学和工程学等。虽然线性回归假设了因变量和自变量之间是线性关系，但它是许多其他回归方法的基础，并且在许多情况下表现良好。一般形式如下：

$$Y = w_1 x_1 + w_2 x_2 + \cdots + w_n x_n + b \tag{5-4}$$

其中，Y 是因变量（要预测的值），$x_1, x_2 \cdots x_n$ 是自变量（特征）。b 是截距（模型的偏移）。$w_1, w_2, \cdots w_n$ 是自变量的系数，表示每个自变量对因变量的影响程度。线性回归的目标是找到一组系数 $w_1, w_2, \cdots w_n$ 使得模型的预测值尽可能地接近真实的观测值。

模型的训练过程通常使用最小二乘法（Ordinary Least Squares，OLS），即最小化损失函数，即观测值与模型预测值之间的差异的平方的总和。损失函数公式如下：

$$L(w) = \frac{1}{2} \sum_{j=1}^{m} \left[y^{(j)} - \sum_{i=1}^{n} w_i x_i^{(j)} - b \right]^2 \tag{5-5}$$

其中，m 是样本数量，n 表示特征数量。

通常采用梯度下降或其变种来最小化损失函数。通过损失函数对参数的偏导数，可以得到梯度，然后使用梯度下降更新参数。

$$\beta_j = \beta_j - \alpha \frac{\partial J(\beta)}{\partial \beta_j} \tag{5-6}$$

其中，α 是学习率，决定了每次迭代参数更新的步长。通常采用 MSE、RMSE、MAE、拟合优度、R-Square 来评估模型的性能。

2. 岭回归（Ridge Regression）

如果自变量之间存在高度相关性或线性相关性，在线性回归中可能产生多重共线性（multi-collinearity）问题，导致普通最小二乘法 OLS 估计出现不稳定性或误差较大，产生伪回归。岭回归通过添加正则化项，引入参数 λ 来控制模型的复杂度，从而解决多重共线性问题。损失函数公式为：

$$L(w) = \| \hat{y} - y \|_2^2 + \lambda \| w \|_2^2 = \| Xw - y \|_2^2 + \alpha \| w \|_2^2 \tag{5-7}$$

其中，$\hat{y} = Xw$ 为线性回归模型。与普通最小二乘法类似，岭回归的目标是最小化损失函数。

岭回归源自于岭形的正则化路径，显示了 λ 值与系数之间的关系，在普通最小二乘法的基础上添加了一个额外的惩罚项，该惩罚项是正则化项。其是自变量系数的平方和 $w^T w$ 与 λ 的乘积，有助于限制自变量系数的增长，减少模型对噪声的敏感性。超参数 λ 用于控制正则化的强度，当 λ 接近零时，岭回归趋向于普通最小二乘法；随着 λ 的增加，系数 w 会逐渐缩减到零，从而减少模型的复杂度。通过最小化含有正则化项的损失函数 $L(w)$，求解出新的系数会比普通最小二乘法得到的系数更稳定。岭回归的优点在于能够稳定模型系数，降低过拟合的风险，并在处理高度相关的自变量时表现良好，适用于数据特征较多、共线性较强的情况。

3. Lasso 回归（Lasso Regression）

类似于岭回归，Lasso 回归（Least Absolute Shrinkage and Selection Operator Regression）也是线性回归的正则化版本，用于处理回归分析中多重共线性问题。与岭回归不同的是，Lasso 回归使用的是 L_1 正则化，而岭回归使用的是 L_2 正则化。损失函数公式为：

$$L(w) = \sum_{i=1}^{N} (y_i - \hat{y}_i)^2 + \lambda \| w \|_1 \tag{5-8}$$

其中，$\hat{y}_i = w^T x_i$，$\hat{y}_i = Xw$ 为线性回归模型，同样是求使得代价函数 $L(w)$ 最小时 w 的大小：

与岭回归中的 L_2 正则化项不同，它更倾向于使 w 中的部分系数变为零，从而实现特征选择的效果，较大的 λ 值会导致系数更多地趋近于零。Lasso 回归的一个显著特点是在解中产生了稀疏性，即某些不重要的特征的系数会变为零，这使得 Lasso 回归不仅可以用于回归分析，还可以用于特征选择。同时，Lasso 回归倾向于选出具有相关性自变量中的一个，而其他的相关变量的系数趋向于零，从而解决多重共线性问题。

Lasso 回归与岭回归一样，是一种正则化方法，有助于提高模型的泛化能力，降低过拟合的风险。Lasso 回归适用于特征选择，可以将某些特征的系数缩小至零，从而实现自动特征选择。

4. 弹性网络回归（Elastic Net Regression）

为了同时利用岭回归（Ridge Regression）和 Lasso 回归（Lasso Regression）的优点。

弹性网络回归（Elastic Net Regression）在损失函数中同时使用了同时使用 L_1 和 L_2 正则项，解决多重共线性问题并实现特征选择。

$$L(w) = \sum_{i=1}^{N} \left(y_i - w^T x_i \right)^2 + \lambda \rho \| w \|_1 + \frac{\lambda(1-\rho)}{2} \| w \|_2^2 \tag{5-9}$$

其中，L_1 正则化项 $\lambda \rho \| w \|_1$ 用于产生稀疏解，促使模型系数中的一些变量趋向于零，从而实现特征选择。L_2 正则化项 $\frac{\lambda(1-p)}{2} \| w \|_2^2$ 稳定解，防止多重共线性引起的系数不稳定性。

超参数 λ 控制 L_1 和 L_2 正则化项的权重比例，当 $\lambda = 0$ 时，弹性网络回归等价于岭回归，当 $\lambda = 1$ 时，等价于 Lasso 回归。超参数 ρ 控制正则化的强度，与岭回归和 Lasso 回归中的 λ 参数类似。

弹性网络的解具有稀疏性，能够实现特征选择；同时，由于同时考虑了 L_1 和 L_2 正则化项，它能够在存在高度相关自变量的情况下保持解的稳定性。弹性网络回归在实践中广泛应用，特别是在处理具有大量自变量和可能存在多重共线性的数据时，通过适当选择 λ 和 ρ 参数，可以调整模型的性能，综合考虑拟合效果和模型复杂度。

5. 逻辑回归

逻辑回归是一种用于解决二分类问题的统计学习方法，核心思想是使用 Logistic 函数（也称为 sigmoid 函数）将线性回归的结果映射到[0，1]的范围。模型表达式如下：

$$P\left(Y = 1 | X \right) = \frac{1}{1 + e^{-(\beta_0 + \beta_1 X_1 + \cdots + \beta_n X_n)}} \tag{5-10}$$

其中，$P(Y{=}1|X)$ 是给定输入 X 条件下输出为类别 1 的概率，$\beta_0, \beta_1, \cdots, \beta_n$ 是模型的参数，$X_1, \cdots, X_n$ 是输入特征。

Logistic（sigmoid）函数：函数常用于逻辑回归模型，它具有将任意实数映射到[0，1]区间。函数的表达式如下：

$$\sigma\left(z \right) = \frac{1}{1 + e^{-z}} \tag{5-11}$$

其中，z 是 $\beta_0 + \beta_1 X_1 + \cdots + \beta_n X_n$。

模型训练：是采用最大化似然函数来找到一组参数 β，使得给定观测数据的条件概率最大。通常，采用最小化负对数似然（negative log-likelihood）的方式，这等价于最小化交叉熵损失函数，损失函数的表达式如下：

$$J\left(\beta \right) = -\frac{1}{m} \sum_{i=1}^{m} \left[y^{(i)} \log\left(\hat{y}^{(i)} \right) + \left(1 - y^{(i)} \right) \log\left(1 - \hat{y}^{(i)} \right) \right] \tag{5-12}$$

其中，m 是训练样本数，$y^{(i)}$ 是第 i 个样本的真实标签，$\hat{y}^{(i)}$ 是模型对第 i 个样本的预测概率。采用梯度下降进行参数寻优，训练完成后，可以使用学得的参数进行预测。当模型给出的概率大于一个阈值时，通常将样本分类为正类别（类别 1），否则分类为负类别（类别 0）。

线性回归、岭回归、Lasso 回归、弹性网络、逻辑回归这些方法简单、易解释，适用于线性问题，但对非线性关系的处理能力相对较弱，在应对复杂问题时，需要考虑其复杂的模型。

6. 核岭回归

核岭回归（Kernel Ridge Regression）是一种在高维特征空间中进行非线性回归的方法。它是岭回归的非线性扩展，通过使用核技巧将输入特征映射到高维空间，从而能够处理非线性关系。根据岭回归的损失目标函数：

$$\min_{w} \ y = \| Xw - y \|_2^2 + \alpha \| w \|_2^2 \tag{5-13}$$

为了处理非线性关系，引入核技巧，将输入特征 X 通过一个非线性映射函数（称为核函数）映射到一个高维空间中，使得在高维空间中的内积等于在原始空间中的核函数值。这样，原始的岭回归问题可以转化为在高维空间中的问题，核岭回归的目标函数变为：

$$\min_{\alpha} \| \Phi(X)^T - y \|_2^2 + \alpha \| w \|_2^2 \tag{5-14}$$

其中，$\Phi(X)$ 是通过核函数映射得到的高维特征矩阵，w 是待求解的权重向量，K 是在原始特征空间中计算的核矩阵。求解权重向量：通过最小化目标函数，可以得到最优的权重向量 w 从而获得在高维空间中的非线性回归模型。对于新的输入样本，通过将其映射到高维空间并使用学得的权重向量进行预测。常用的核函数包括线性核、多项式核和高斯核（径向基函数核）。选择合适的核函数和调整超参数是核岭回归中的关键点，以适应不同类型的数据和问题。

7. 支持向量机（Support Vector Machines，SVM）

支持向量机（Support Vector Machine，SVM）是一种强大的有监督的学习算法，用于分类和回归问题。通过在特征空间找到能够最大化两个类别之间的间隔（Margin）的最佳超平面来实现分类。最大化间隔即指离超平面最近的训练样本点（支持向量）到超平面的最大化距离，最大化间隔和最佳超平面可以提高 SVM 的泛化能力和对未见过数据的分类准确性。训练样本中离分隔超平面最近的点被称为支持向量，决定了超平面的位置，它们距离超平面的距离决定了间隔的大小。SVM 的优化目标是找到能够最大化间隔并且能够正确分类训练数据的超平面，通常采用的是软间隔最大化，允许一些样本点出现在间隔边界错误的一侧。损失函数包括间隔违规量和正则化项。C 参数是 SVM 中的正则化参数，用于权衡间隔最大化和分类错误的惩罚。较小的 C 值会导致更大的间隔但可能会允许更多的分类错误，而较大的 C 值则会鼓励分类正确但可能导致较小的间隔。

在线性不可分的时，SVM 使用核技巧（Kernel Trick）将数据映射到更高维的特征空间中，通过在高维空间中找到一个线性可分的超平面，实现分类，核函数的使用不需要显式计算高维空间中的特征向量。常用的核函数包括线性核、多项式核和径向基函数核（高斯核）。

间隔边界和支持向量：类似于分类问题中的支持向量机，SVR 引入了一个称为"间隔边界"的概念。在回归问题中，间隔边界是一条带有一些训练样本的带状区域。类似于支持向量机（SVM），但用于回归问题。通过构建一个拟合目标变量的超平面，数据在间隔带内则不计算损失，当且仅当 $f(x)$ 与 y 之间的差距的绝对值大于 ϵ 才计算损失。总体而言，SVM 通过找到能够最大化两个类别之间间隔的最佳超平面来进行分类，它在处理线性和非线性数据集时都表现出很强的分类能力和泛化能力。

SVM 最初是为二分类问题设计的，但通过一些技巧可以扩展到多类别分类问题。此外，SVM 也可以应用于回归问题，被称为支持向量回归（Support Vector Regression）。

8. 树模型

决策树（Decision Tree）通过树状图的形式进行决策，从根节点开始，根据特征逐步分裂数据集，直到达到叶子节点，最终给出对实例的分类或回归预测。决策树的结构由节点组成，包括根节点、内部节点和叶子节点。决策树通过对特征进行分裂来构建树结构，每个内部节点对应于一个特征，通过某个特征的阈值将数据集分为不同的子集，使得每个子集内的样本尽可能属于同一类别（或具有相似的回归值）。决策树的构建是一个递归过程，在选择一个特征进行分裂后，对每个子集重复此过程，直到达到最大深度、节点包含的样本数小于某个阈值等条件为止。为了防止过拟合，可以在树构建完成后对其进行剪枝，通过删除树中一些分支或叶子节点，以提高模型的泛化能力。通常采用信息增益（Information Gain）和基尼不纯度（Gini Impurity）来选择最佳的特征进行分裂。信息增益衡量的是通过某个特征分裂后的不确定性减少程度，基尼不纯度则度量数据集纯度，找到能够最大程度减小混杂度的特征。经过训练后，决策树可以用于对新样本进行分类或回归预测。从根节点开始，根据特征的取值逐步沿着树结构走到叶子节点，最终给出预测结果。决策树算法具有直观、易解释的特点，适用于处理非线性关系的分类和回归，但也容易过拟合训练数据。决策树的提升算法包括随机森林（Random Forest）和梯度提升决策树（Gradient Boosting Decision Tree）等，通过集成多个决策树来进一步提升性能。

随机森林是一种集成学习方法，通过构建多个决策树来进行预测，每个决策树都是在随机抽样的训练数据子集上训练而成。这个子集的抽样是通过有放回地从原始训练数据中进行的，这就是所谓的"bootstrap 采样"。在每次分裂节点时，不是使用所有的特征来进行分裂，而是从所有特征中随机选择一部分特征，从而减少各个决策树之间的相关性，使得随机森林更为多样化。在每个节点上，树的生长基于对随机选择的特征的最佳分裂，此过程持续迭代，直到达到预定的树的深度或者节点包含的样本数小于某个阈值。通过每棵树在训练数据子集的随机抽样和特征的随机选择，随机森林捕捉到数据的不同特征，降低了模型过拟合的风险。对于回归问题，每棵树的预测结果平均后得到回归预测的结果；对于分类问题，通过对每棵树的结果进行投票得到分类结果，这两种方式有助于降低模型的方差，提高整体模型的性能。整体上，随机森林通过集成多个决策树，利用随机性和多样性，提高了模型的泛化能力和鲁棒性，使其适用于各种类型的数据和问题。

9. K 近邻（K-Nearest Neighbors，KNN）

KNN 是一种基于近邻的分类算法，常用于监督学习问题，K 近邻算法通过某种距离度量来衡量样本之间的相似度，通过在训练集中找到与新样本最接近的 k 个邻居，然后通过这些邻居的标签或值来预测新样本的标签或者值。用户需要指定 k 的值，通常通过交叉验证来选择一个合适的 k 值，较小的 k 值会使模型更复杂，对噪声更敏感，而较大的 k 值会使模型更稳定，但可能丧失一些局部特性。针对分类问题，K 近邻算法采用多数投票的机制。即，对于新样本，它的类别将由其 k 个最近邻居中占优势的类别来决定。在某些情况下，可以为邻居赋予不同的权重，以考虑它们对新样本的贡献，距离较近的邻居可能具有更大的权重，通过加权投票获取预测标签，或者根据加权平均、距离的倒数或指数函数来获取预测值。K 近邻算法对数据中的噪声敏感，因此在使用之前需要进行特征缩放和去噪等预处理，以提高模型的性能。在处理大规模数据集时，由于需要计算每个测试样本与所有训练样本之间的距离，算法的计算复杂度较高，因此适用于样本较少的情况。常用的距离度量包括欧式距离、余弦相似度、海明距离、曼哈顿距离、切比雪夫距离、Jaccard 指数、闵可夫斯基距离、绝对值距离、KL 散度距离等。

10. K-Means 聚类算法

与分类、序列标注等任务不同，聚类是在事先并不知道任何样本标签的情况下，通过数据之间的内在关系把样本划分为若干类别，使得同类别样本之间的相似度高，不同类别之间的样本相似度低（即增大类内聚，减少类间距）。聚类属于非监督学习，K 均值聚类是最基础常用的聚类算法。它的基本思想是，通过迭代寻找 K 个簇（Cluster）的一种划分方案，使得聚类结果对应的损失函数最小。其中，损失函数可以定义为各个样本距离所属簇中心点的误差平方和：

$$J(c,\mu) = \sum_{i=1}^{M} \| x_i - \mu_{c_i} \|^2 \tag{5-15}$$

其中，x_i 代表第 i 个样本，c_i 是 x_i 所属的簇，μ_{c_i} 代表簇对应的中心点，M 是样本总数。

K-Means 算法通过不断地迭代计算 k 个聚类中心的位置来更新聚类中心，将样本分类到最近中心所属的类中，完成聚类。具有容易理解、局部最优、在大数据集上伸缩性较好、算法复杂度低的优点。同时 k 值需要人为设定，算法对初始的簇中心敏感，对异常值敏感，不适合太离散的分类、样本类别不平衡的分类、非凸形状的分类。

11. 人工神经网络（Artificial Neural Network，ANN）

ANN 由输入层、至少一个隐藏层和输出层组成，每层神经元接收来自前一层的输入，并产生一个输出，这个输出将作为输入传递给下一层。每层的神经元通过全连接的方式与前后层的神经元进行连接，将前一层神经元的输出与相应的权重相乘加上偏置得到一个线性输出，然后通过一个非线性的激活函数将线性输出转换为非线性输出，常见的激活函数包括 Sigmoid、Hyperbolic Tangent（tanh）和 Rectified Linear Unit（ReLU）等。输入从输入层传递到隐藏层，再传递到输出层的过程称为前向传播，得到网络输出，然后再比较网络输出与实际目标的差异，计算误差，并将误差沿着网络反向传播，通过梯度下降等优化算法调整权重和偏置，以最小化误差，降低损失函数的值。常见的优化算法包括梯度下降、随机梯度下降和 Adam 等。多层的堆叠和激活函数的应用，使得神经网络能够学习更复杂的模式和非线性关系，适用于各种任务，包括分类、回归和模式识别等。

12. 残差网络 ResNet 算法

ResNet 是一种深度学习架构，ResNet 的基本原理是通过引入残差块（Residual Block）来解决深度神经网络训练过程中的梯度消失和梯度爆炸问题，使得可以更轻松地训练非常深的神经网络。在普通的神经网络中，通过堆叠多个层来学习复杂的特征表示，然而，随着网络深度的增加，训练变得更加困难。ResNet 引入了残差学习的概念，即每个残差块学习的是相对于前一层的残差（或称为"跳跃连接"）而不是直接学习原始特征。这使得网络更容易学习到恒等映射（即学习到一个接近于零的残差）。

残差块由两个主要分支组成，一个是主路径，另一个是跳跃连接（Shortcut Connection）。主路径包括一系列卷积层、批归一化层和激活函数，跳跃连接直接将输入添加到主路径的输出上。跳跃连接通过直接传递输入的信息到后续层，以保留原始数据的信息，缓解梯度在反向传播中可能消失的问题，同时如果主路径学到了一个恒等映射，那么梯度可以直接通过跳跃连接传递，从而使得梯度能够更好地传播[36]。这种结构允许网络学习更复杂的特征表示，而不会导致训练难度的增加。在网络的最后一层，通常会使用全局平均池化来减少空间维度，连接全连接层以进行最终的分类。ResNet 通过堆叠多个残差块来构建深度网络，防止梯度消失，其在图像分类等任务上已取得显著的性能提升。

5.1.3　柔性定制软件实现

在数据集、数据预处理模块、算法模型等基础模块具备的基础上，依据模块化的思想，通过模块组合，就可以完成不同功能的数据分析，满足输变电设备的柔性定制化分析的多样化需求。管理柔性定制的算法模型，包括新增、重命名、删除、绘制模型、训练、预测等操作，全流程可视化建模，自定义搭配数据集、算法等模块，得到分析结果并进行可视化展示。

（1）通过登录输变电设备柔性定制智能分析软件，打开系统菜单下的柔性定制算法模型其中，点击建立"分析模型"，并输入该模型的名称，并进行保存，其示意图如图5-4 所示。

图 5-4　建立分析模型示意图

（2）在建立该模型后，通过构建数据、算法等模块，实现该模型的数据分析。在该模型右侧的绘制面板上搭建分析模型，拖拽绘制面板右上角模型各个功能模块到空白部分，将各模块进行连接并保存，如图 5-5 所示。

图 5-5　模型搭建图

（3）点击已绘制模型的数据集（或算法）模块，页面右侧展示模块配置，包括选择数据集、数据集结果预览、选择自变量、选择因变量、数据清洗规则的配置（或选择算法类型、算法简介、算法参数列表、算法输出类型列表的配置）。配置完成后，点击配置页下方"保存"按钮，保存数据集（或算法）配置信息，如图 5-6 所示。

图 5-6　数据集配置示意图

（4）数据集和算法配置完成后，点击绘制面板左上角"训练"按钮，开始训练分析模型（训练时间较长，结果稍后查看），【如果已经训练过，或者选择的算法为训练后的算法，则直接点击"预测"按钮进行分析】，如图 5-7 所示。

图 5-7　分析模型训练示意图

（5）重新查询分析模型列表，点击要查看的模型名称，中间绘制面板显示【分析完成，请点击"结果集"查看结果！】时，点击模型中的"结果集"节点，页面右侧展示结果内容（包含结果列表和结果可视化），如图 5-8 和图 5-9 所示。

图 5-8　分析模型显示结果列表示意图

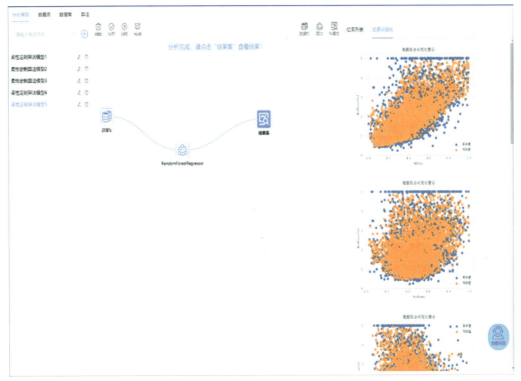

图 5-9　分析模型可视化结果示意图

5.1.4　案例一：采用柔性定制软件进行变压器故障诊断

目前，电力系统投运的电力变压器中，存在运行年限长、绝缘劣化等故障隐患[11]。有待提出能够实时监测、诊断变压器故障的分析方法并建立高效准确的诊断模型，对变压器的运行状态进行精确预测，实现对变压器故障隐患的有效应对，保障电力系统运行的安全性、稳定性和可靠性。随着电老化、热老化等机械故障的出现，变压器运行时会产生多种气体溶解在变压器油中。因此，利用变压器油中溶解气体分析（Dissolved Gas Analysis，DGA）[37]可以及时发现变压器的潜在故障风险[38]，是电力行业公认的诊断变压器故障的可行方法。DGA 数据作为分析预测变压器故障最有效、直观的特征参量，是变压器状态评价的直接依据[39]。基于 DGA 数据形成了许多数理统计方法，在研究领域常见的有 IEC 三比值法、Rogers 四比值法、Duval 三角形法、特征气体法和无编码比值法等，这些比值判别法规则简单，但编码不完善、界限区分绝对化的问题时有出现，在实际工程应用中存在一定的局限性。随着人工智能、深度学习的出现，基于机器学习的变压器故障智能诊断方法已经成为研究领域的热门课题，基于人工智能的变压器故障诊断模型也在很大程度上代替了传统的故障诊断方法成为对变压器运行状态检测的主流工具。目前，以 DGA 数据为特征参量挖掘的机器学习模型中，常见的有人工神经网络[40]、支持向量机[41]、相关向量机[42]以及优化参数后的混合模型[43]。

本案例采用已构建的柔性定制化软件中的多个模型对变压器故障进行诊断。首先结合无编码比值法对 DGA 数据进行预处理，选取 80%数据样本进行训练，以 DGA 数据为特征参量进行故障信息挖掘。然后验证所采用模型和柔性定制化工具在变压器故障诊断中的精度及可靠性。

5.1.4.1 诊断模型验证

传统的 DGA 数据往往对 H2、CH4、C2H2、C2H4、C2H65 种含氢元素的气体加以分析来诊断变压器故障。然而，未经处理的气体组分数据不集中，且气体含量差异性较大。需要用数理统计方法对原始数据进行预处理，使样本数据归一化。文中采用无编码比值法对原始数据进行预处理，该方法以气体含量的比例为特征量，采用的特征量维度高，反映故障信息全面，诊断层次性强[44]。此外，无编码比值法能够根据不同的数据样本采用不同的特征量维度来进行数据预处理。文献[44]提出基于 DGA 的适用于天然酯绝缘油变压器的无编码比值故障诊断方法，采用相关系数矩阵分析方法对无编码比值法 10 个维度下的气体比例关系进行优化处理。鉴于所选的气体比例特征量要能够准确反映变压器故障的关键信息，并且其维数设置要适中，不存在冗余特征量，确保在提高模型诊断效率和准确率的同时不会增加机器训练的时间和复杂度。因此，在参考文献[45]对 DGA 数据的预处理方法的基础上，文中选取 9 组特征气体含量的比例关系形成 9 个无编码比值特征量维度：CH_4/H_2、C_2H_4/C_2H_2、C_2H_4/C_2H_6、$(CH_4+C_2H_4)/(C_1+C_2)$、$H_2/(H_2+C_1+C_2)$、$C_2H_4/(C_1+C_2)$、$CH_4/(C_1+C_2)$、C_2H_6/C_1+C_2、$C_2H_2/(C_1+C_2)$。

其中，C_1 为 CH_4 所代表的烷烃类气体含量之和；C_2 为 C_2H_6、C_2H_4、C_2H_2 所代表的不饱和烃类气体含量之和。

1. 变压器故障状态编码

构建诊断模型前，需要对 CART 分类器的叶子标签进行定义，即对变压器故障类别进行状态编码。依据 DL/T722 – 2014 导则，故障类别输出对应 8 种状态编码，见表 5-1。

表 5-1　故障类别状态编码

变压器故障类别	状态编码
正常状态	0
电弧放电	1
低能放电	2
局部放电	3
高温过热	4
中温过热	5
低温过热	6
高能放电	7

5.1.4.2　算例分析

案例数据来源于文献[46-48]、IECTC10 数据库以及南方电网部分变压器在线监测和油化实验数据等。由以上数据样本构成变压器故障数据共 3 447 组，经过数据预处理清洗掉数据集中的无效数据和干扰数据，得到 3 228 组变压器故障诊断有效数据集。为了保证实验结果的客观性，从 3 228 条有效数据中随机抽取 5 组，每组由 1 614 条故障类型确定的变压器 DGA 数据构成，其中训练集和测试集之比为 8∶2，即训练集 1 291 条、测试集 323 条。各组数据训练集详细分布情况见表 5-2。

表 5-2　样本分布

变压器状态	测试集分布				
	Test_1	Test_2	Test_3	Test_4	Test_5
正常状态	36	31	33	33	33
高能放电	40	41	44	45	48
低能放电	29	30	27	29	29
局部放电	20	19	19	20	18
高温过热	55	57	54	55	54
中温过热	79	78	82	75	73
低温过热	20	24	22	23	23
电弧放电	44	43	42	43	45
总计	323	323	323	323	323

表 5-3 中比较了机器学习中常见的 4 种算法：随机森林（RF）、支持向量机（SVM）、K-邻近算法（KNN）以及逻辑回归（LR）。从结果中可以看出 XGBoost 无论从故障诊断的准确性，还是从不同类型故障诊断的稳定性都优于其余 4 种算法。为了保证实验结果的普适性，从系统中重新抽取新的数据对 4 种分类算法进行再次测试，平均结果见表 5-4。

表 5-3　各类模型故障诊断对比

变压器状态	测试集诊断正确率			
	RF	SVM	KNN	LR
正常状态	90.91	84.85	81.82	81.82
高能放电	97.78	86.67	88.89	84.44
低能放电	75.86	48.28	41.38	27.59
局部放电	90.00	85.00	90.00	80.00
高温过热	90.91	89.09	89.09	87.27

变压器状态	测试集诊断正确率			
	RF	SVM	KNN	LR
中温过热	93.33	86.67	89.33	88.00
低温过热	78.26	4.35	69.57	8.70
电弧放电	88.37	53.49	86.05	55.81
总计	89.78	73.07	82.35	70.90

表 5-4　新数据测试结果

训练模型	最高正确率	最低正确率	平均正确率
RF	89.78	85.76	88.36
SVM	73.99	68.42	71.33
KNN	82.35	77.40	79.33
LR	72.45	64.71	68.36

针对变压器故障诊断问题，在我们的软件系统中实现了故障诊断，采用无比值编码划分 DGA 数据为特征值输入 4 个分类模型，并对所提方法进行了机器训练和测试，得出以下结论：

1）利用无比值编码作为特征输入时，本项目构建的机器学习分类模型 RF、SVM、KNN、LR 算法，能够对 8 种典型故障类进行诊断。

2）针对数据样本分布不均衡问题，后续研究工作将重点考虑如何在小样本数据样本容量不足与分布不均衡的情况下提升变压器故障诊断精度和可靠性。

5.1.6　小　结

输变电设备领域的柔性定制化在于：

（1）提高灵活性和适应性：柔性定制化使得输变电设备能够更好地适应电力系统的变化。这种灵活性对于应对电力系统负荷的波动、可再生能源的集成以及网络故障的快速修复至关重要。

（2）优化运行和维护：运用柔性定制化的原则，输变电设备能够实现智能化监测、预测性维护和远程操作。这有助于减少设备故障停机时间，提高设备的可靠性和可用性。

（3）提高能源效率：柔性定制化的设计可优化输变电设备的能效，减少能源损失。通过更智能的能量传输和分配，电力系统可以更高效地满足用户需求，降低整体能源消耗。

（4）降低环境影响：通过采用先进材料、节能技术以及智能控制系统，柔性定制化有望减少输变电设备的环境影响。这符合可持续发展的目标，使电力系统更加环保。

随着未来的发展，柔性定制化可能会向着以下的几个方面发展：

（1）智能化发展：随着人工智能、物联网和大数据技术的不断发展，输变电设备将更加智能化。智能化系统将能够实时监测、分析和响应电力系统的各种变化，进一步提高系统的稳定性和安全性。

（2）新材料与制造技术：未来柔性定制化可能会涉及新材料和制造技术的广泛应用，以提高设备的性能和耐久性。先进的材料科学和制造工艺将推动输变电设备的创新。

（3）可再生能源整合：随着可再生能源的不断增加，输变电设备需要更好地适应分布式能源系统。柔性定制化的发展将支持可再生能源的平滑集成和高效利用。

综合而言，柔性定制化为输变电设备带来了显著的改进，为构建更加可持续、智能和可靠的电力系统奠定了基础。未来的发展将继续推动技术创新，促使电力系统更好地适应不断变化的能源格局和社会需求。

5.2　知识图谱在输变电设备运维和状态评估中的实践案例

我国电力行业中的输变电设备具有规模巨大、覆盖面广、类别复杂等特点，在长时间的运行中不可避免地会出现故障问题。引起故障的原因包括设备制造和安装时存在的问题、设备的老化和损耗、过载或短路、操作过程中的错误等因素。然而，输变电设备本身也是一个极其复杂的系统，表征其状态的特征量众多，如运行工况、故障历史数据、资产管理数据、家族缺陷等，由于这些状态信息的不确定性和模糊性，以及参量之间复杂的相互耦合影响，因此在实现对电力设备运行状态的有效和准确评估方面存在着很大的难度。在当前的输变电设备运维工作中，传统经验占据主导地位，这种方法难以满足输变电设备的海量、差异化和精细化维护需求，可能导致设备出现"过度维护"或"维护不足"的状态，从而浪费大量人力、物力资源。随着电网信息化建设的推进，电网集中监控系统、电力设备状态监测、PMS、气象数据、可视化巡检等实时信息逐渐整合，形成了一个统一的大数据平台。然而当前的大量的、分散的电力数据由于没有经过分层或判断处理，难以直接由于检修辅助决策。因此，引入知识图谱技术，提高输变电设备运维的智能化水平，成为了一种新的解决方案。知识图谱具有很强的知识表示和推理能力，电力企业主体的行业规范、业务资讯、技术经验和它们之间的内在关联可以得到系统的展示。本节将通过一些实践案例，探讨知识图谱在输变电设备运维中的应用。

5.2.1　输变电设备的多源异构数据

构建输变电设备的知识库需要将输变电设备中的多源异构数据进行融合，接受多种异构数据的输入（接入），包括但不限于不同设备、不同使用阶段产生的结构化数据，如基于关系型数据库的表数据；非结构化的文本数据、图片数据、音频和视频数据。但输变电设备中具有众多的子系统，包括：智能缴费、线损管理、计量自动化、营销、生产，抄表管理、账/图纸资料管理、缺陷管理、风险管理、现场勘察、作业管理、工器具管理等，这些海量的多源、多态、高度异构数据为接入、融合、存储、跨域检索、数据定制带来了巨大的困难，此图谱需要容纳海量的异构数据，实现多子系统数据的融合、查询、分析，以及发现新知识。

1. 结构化数据

结构化数据是以清晰、有组织的形式存储的数据，其通常以表格或数据库的形式存在，具有明确定义的字段和属性。这种数据的组织方式使得数据易于理解、处理和分析。结构化数据的特点包括：

明确的模式和格式：结构化数据按照预定义的格式组织，每个数据项都有其特定的位置和含义。通常以表格、数据库或者特定标记语言的形式存储，比如 SQL 数据库、CSV 文件等。

字段和属性：每个数据条目都被分解为多个字段或属性，这些字段对应着数据的特定信息。比如在一个顾客数据库中，字段可能包括姓名、地址、电话号码等。

易于分析和处理：结构化数据的明确格式使得数据可以被轻松地存储、查询和分析。这些数据通常可以通过 SQL 等查询语言或数据分析工具进行处理。

2. 非结构化数据

相比于结构化数据，生活中往往更多的是非结构化数据，非结构化数据指的是没有明显结构或组织形式的数据，它们不容易以表格或数据库的形式直接表示和存储。相比之下，非结构化数据更加灵活和自由，但也更难以被传统的数据库系统所处理和解释。非结构化数据的特点包括两点。① 缺乏明确的组织结构：非结构化数据通常不遵循固定的模式或格式。例如，文本文档、音频文件、视频、图像、社交媒体帖子等都属于非结构化数据，它们没有预定义的字段或结构。② 多样性和丰富性：非结构化数据包含了大量的信息，涵盖了不同的语言、声音、图像内容、感情色彩等。这些数据具有丰富的多样性，难以用传统的方法进行统一处理。

挑战与价值：虽然非结构化数据处理具有挑战性，但同时也蕴含着巨大的价值。通过分析和解释非结构化数据，可以获得宝贵的见解，支持决策制定、市场营销、情感分析、图像识别等方面的应用。处理非结构化数据需要利用各种先进的技术和工具，例如自然语言处理（NLP）、语音识别、计算机视觉、文本挖掘等。这些技术能够帮助将非结构化数据转化为可用的信息，从而提供有价值的见解和认识。随着技术的不断进步，人们对非结构化数据的理解和利用也在不断深化和拓展。

5.2.2 案例一：输变电设备知识图谱构建

5.2.2.1 基于非结构化数据的知识图谱的构建

输变电设备中广泛存在作业指导书、实验报告、设备说明书、检修报告、状态评价记录、设备隐患记录数据等文件，现有关系数据库无法处理，目前文本非结构化数据的研究一直是自然语言处理领域的热点之一，近年来在技术和应用上都取得了显著进展。

预训练模型的兴起：预训练语言模型如 BERT、GPT 等的出现极大地推动了文本处理的发展。这些模型通过大规模文本数据的预训练，使得模型在语言理解、语境把握、情感分析等任务上取得了巨大成功。它们能够理解语境、推断词义、生成连贯文本，对问答系统、翻译、摘要生成等任务有着显著的影响。

多模态信息处理：结合文本与其他模态信息（如图像、音频）的研究逐渐兴起。研究人员开始探索多模态数据的融合处理，例如图文联合分析、视频文本关联等，从而提升了对多模态信息的整体理解能力。

迁移学习和领域自适应：文本非结构化数据在不同领域的应用中，需要模型具备一定的泛化能力。迁移学习和领域自适应成为了研究的热点，使得模型能够在不同领域的数据上表现出更好的适应性和性能。

文本生成与创作：文本生成技术在内容创作、摘要生成、对话系统等领域展现出巨大潜力。GPT 等生成式模型的进步为文本创作提供了新的可能性，能够自动生成自然流畅的文本内容。

总的来说，文本非结构化数据的研究不断深化和拓展，技术的进步不仅在学术领域取得了重大突破，同时也在商业和社会应用中发挥着重要作用。随着深度学习、多模态信息处理和语义理解技术的不断发展，对文本数据的分析和利用将更加丰富多样，并在各个领域展现出更广阔的应用前景。因此可以将上述文件转化为文本格式处理，如图 5-10 所示。

```
import ...

importlib.reload(sys)
time1 = time.time()


def parse(pdf_path, txt_path):
    # 解析PDF文本，并保存到TXT文件中
    fp = open(pdf_path, 'rb')
    # 用文件对象创建一个PDF文档分析器
    parser = PDFParser(fp)
    # 创建一个PDF文档
    doc = PDFDocument(parser)
    # 连接分析器，与文档对象
    parser.set_document(doc)
```

图 5-10　文本格式转化算法（部分）

由于需要进行设备关系、缺陷、故障成因的推理，算法模型必须具备识别设备、设备关系、故障、缺陷、设备状态等功能，需要对海量的非结构化数据进行标定，包括实体、关系、事件的标定，找到适用于输变电设备知识标定的合理方案是后续图谱建立的关键。因此，首先需要手工对文本数据进行命名实体、关系的标注，构建标注规则，标注是一项繁琐、工程量巨大的工作，其准确度直接影响后续图谱的建立。本案例采用了面向领域实体关系联合抽取的"ME+R+BIESO"标注模式。

1. "ME+R+BIESO" 标注模式

"ME+R+BIESO" 标注模式是一种用于面向领域实体关系联合抽取的文本标注规则。这种标注模式通常用于指导机器学习模型，使其能够从文本中准确地识别实体和实体之间的关系。其中：

（1）M：实体的开始（Begin）：M 标记表示一个实体的开始。在"ME+R+BIESO"中，一个实体的开始通常由一个词的第一个字符标记为 M。

（2）E：实体的结束（End）：E 标记表示一个实体的结束。在"ME+R+BIESO"中，一个实体的结束通常由一个词的最后一个字符标记为 E。

（3）R：关系（Relation）：R 标记表示关系。在知识图谱中，实体之间的关系是非常重要的信息。这个标记用于指示模型该关系的开始。

（4）B：实体的内部（Inside）：B 标记表示一个实体的内部部分。在"ME+R+BIESO"中，除了实体的开始和结束字符之外的部分都标记为 B，表示实体的内部。

（5）I：实体的内部（Inside）：I 标记也表示一个实体的内部部分。与 B 标记一样，I 标记用于标记实体的内部字符。

（6）O：实体的外部（Outside）：O 标记表示实体的外部，即非实体的部分。这个标记用于标记实体之外的所有部分。

通过这种标注模式，可以在文本中清晰地标记出每个实体的开始和结束，以及实体之间的关系，如图 5-11 所示。这种标注对于训练机器学习模型，尤其是序列标注模型（如 BiLSTM-CRF、BERT 等）非常有用，因为它提供了明确的上下文信息，使模型能够更好地理解文本中的实体和关系。

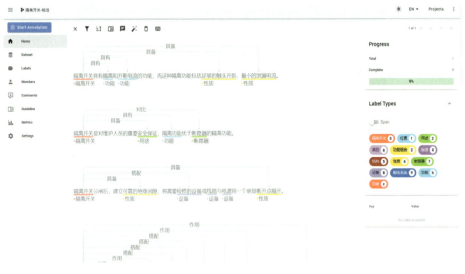

图 5-11　标注示意图

用 Python 库 doccano 进行标注，标注完成后，以 JSONL 数据导出，流程图如图 5-12所示。

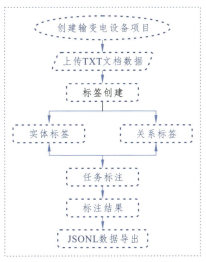

图 5-12　doccano 标注流程图

如图 5-13 所示，对导出数据进行预处理，采用数据清洗、数据集成、数据变换和数据归约的方式，将错误的数据纠正，将多余的数据去除，将所需的数据挑选出来并且进行数据集成，将不适应的数据格式转换为所要求的格式，还可以消除多余的数据属性，从而达到数据类型相同化、数据格式一致化、数据信息精练化和数据存储集中化。

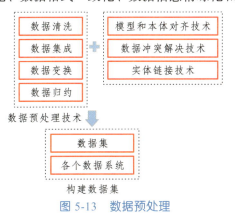

图 5-13　数据预处理

在数据预处理的基础上，根据结构化、非结构化的数据特征，采用自然语言处理技术，实现数据、知识的多方式存储，包括传统关系型数据库、非关系形数据库以及网状数据库的存储。构建配网数据字典和知识图谱，在此基础上，实现输变电设备关键要素的多维数据的深度融合、关联、跨模态关联，并进行关联关系的深度挖掘。

5.2.2.2　基于结构化数据库表的知识图谱的构建

数据源管理：登录输变电设备知识图谱查询平台，打开知识图谱标签页，点击数据源管理，选择需要操作的数据源，根据需要进行编辑或者点击新增按钮，输入相关信息，建立新的数据源，界面如图 5-14 和图 5-15 所示。

图 5-14　数据源管理页面示例

图 5-15　新增数据源页面

实体和关系构建：实体是对人、事、物抽象化的对象，对应数据源中的表。在实体模型页面中，点击生成实体按钮，在弹出页面中选择相关数据源和表，建立实体，如图 5-16 所示。

图 5-16　实体构建示例图

　　实体构建完成后，点击关系模型标签页，选择已有的关系模型或者点击新增按钮，新增一条关系模型。关系模型建立所依据不仅包括表与表的主外键关系还可以是表中的字段与字段的关系。关系模型构建如图 5-17 所示。

图 5-17　关系模型构建示例图

　　知识图谱可视化：实体及关系构建完成后，在关系模型页面中勾选"关系"，点击知识图谱可视化的标签页面，实现知识图谱的二维可视化。实现结果如图 5-18、图 5-19 所示。

	排序	关系名称	描述	首端实体	末端实体	操作
	1	sbd_graph_dm_device_m 和 sbd_graph_dm_d...	运维	sbd_graph_dm_device_m	sbd_graph_dm_device_m_vin...	编辑　关系属性
	2	sbd_graph_dm_device_m 和 sbd_graph_dm_...	管理	sbd_graph_dm_device_m	sbd_graph_dm_device_m_run...	编辑　关系属性
	3	sbd_graph_dm_function_location_m 和 sbd_g...	发生	sbd_graph_dm_function_loca...	sbd_graph_sp_pd_defect	编辑　关系属性
	4	sbd_graph_dm_device_m 和 sbd_graph_dm_cl...	所属	sbd_graph_dm_device_m	sbd_graph_dm_classify	编辑　关系属性
	5	sbd_graph_dm_device_m 和 sbd_graph_sp_so...	发生	sbd_graph_dm_device_m	sbd_graph_sp_so_outage_de...	编辑　关系属性
	6	sbd_graph_sp_so_outage_device_pms 和 sbd_...	停电申请	sbd_graph_sp_so_outage_de...	sbd_graph_sp_so_outage_ap...	编辑　关系属性
	7	sbd_graph_dm_device_m 和 sbd_graph_sp_pd...	发生	sbd_graph_dm_device_m	sbd_graph_sp_pd_defect	编辑　关系属性
✔	8	R-cs	所属	sbd_graph_dm_device_m	sbd_graph_dm_function_loca...	编辑　关系属性
	9	sbd_graph_dm_device_m 和 graph_dm_functi...	所属	sbd_graph_dm_device_m	sbd_graph_dm_function_loca...	编辑　关系属性
	10	sbd_graph_dm_function_location_m_c 和 sbd_...	父类	sbd_graph_dm_function_loca...	sbd_graph_dm_function_loca...	编辑　关系属性
	11	sbd_graph_dm_function_location_m 和 sbd_g...	工作票	sbd_graph_dm_function_loca...	sbd_graph_sp_pd_wticket_t_b...	编辑　关系属性
	12	sbd_graph_dm_function_location_m 和 sbd_...	缺陷	sbd_graph_dm_function_loca...	sbd_graph_sp_pd_stticket...	编辑　关系属性

图 5-18　关系模型界面图

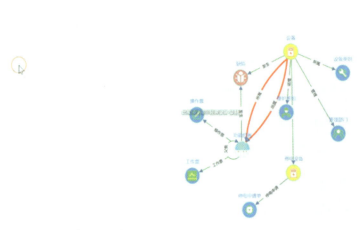

图 5-19 知识图谱二维可视化

图谱化任务管理：通过以上步骤可以构建关于输变电设备的知识图谱，但面对输变电设备运维的不同需求及运维中出现的新情况，现有知识图谱存在知识量不足，不能支撑运维需要的问题，需要对知识图谱进行实时更新与维护。知识图谱的更新有两种，增量更新和全量更新。增量更新指仅更新发生变化的数据，而未发生变化的数据不予更新，每次更新只处理新增或修改的数据，而不是对所有数据进行全面的更新，这种方式能够大大减少数据传输和处理的负载，提高更新效率。在数据量庞大或者更新频率较高的场景中，增量更新是一种更优的选择。全量更新则是每次更新都处理所有数据，这种更新相对简单，因为不需要对数据的变化进行追踪或协调。但是，全量更新在数据量庞大或者更新频率较高的场景中，可能会导致更新效率低下，甚至可能超过系统的处理能力。所以对于不同的情况，应选择不同的更新方式[49]。具体更新方式如下：点击"图谱化任务管理"标签页，点击"新增"按钮，建立图谱化任务，在新增任务中，需要设置所要更新的实体或关系，选择更新类型（全量更新或增量更新），设置更新的执行方式（立即执行或定时执行）。其中增量更新需要定时任务启动，设置该任务的执行时间（cron），同时为减少等待时间，将其分化到不同的服务器上（执行服务），最后设置任务名称。如图 5-20 所示。

电网用于给用户供电，其承担向用户安全可靠供电的重要任务。随着电力系统越来越庞大，设备的数量成倍增长，频繁的操作和长时间的运行，影响着电力设备的健康状态，电力设备出现的故障和缺陷给电网稳定运行带来风险。因此，发现电力设备故障和缺陷并及时有效地进行处理，成为提高电网检修效率及供电可靠性的重要因素。在本系统中，当用户进入统一查询界面并在知识图谱中搜索，如果能够在知识图谱中找到相关信息，则返回结构，并提供相应的关联分析，如图 5-21 所示；当未找到所需的相关信息时，系统将自动转入问答系统进行查询。该查询途径在本章第三节将详细介绍。

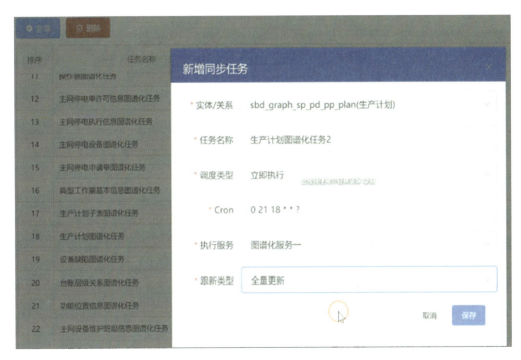

图 5-20　图谱化任务管理示意图

设备信息的查询：通过点击设备所在的点，可以显示设备的具体信息，也可以进行数据关联关系分析：通过头实体、尾实体的查询能够对数据之间的关联关系展开分析，如图 5-21、图 5-22 所示。

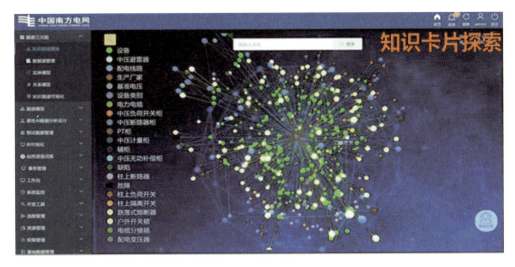

图 5-21　信息查询知识卡片

图 5-22　数据溯源

该查询方式的设计旨在提供更为全面和全能的信息获取方式。通过这种流程，用户可以在知识图谱未能覆盖的领域或者特定信息的情况下，利用问答系统来获取更为详尽和个性化的答案。系统会自动将用户的查询需求转发到问答系统，这样用户不必在不同的界面间来回切换，提升了信息的检索效率和全面性。问答系统的使用能够弥补知识图谱的局限性，为用户提供更加多样和深入的信息服务，从而提升整体查询体验。

5.2.3　案例二：多源信息融合和图谱推理的高压隔离开关的发热故障检测

社会经济的发展导致家庭和工业的电力消耗急剧增加，这种巨大的用电量也导致了电网中高压隔离开关的高故障率。根据供电局的统计数据，隔离开关的发热缺陷是运行中主要缺陷之一，占 40%。当隔离开关过热时，停电或负载限制将严重影响电力供应的安全性和可靠性[50]。因此，早期检测热缺陷并提供预控措施，如提前转移负载，非计划的停电，可以避免设备故障和损坏，从而提高电网运行的安全性和稳定性。

隔离开关的故障检测已被广泛研究。肖等人[51]分析了与隔离开关导电回路中过热故障相关的原因，如接触面处理工艺和尺寸偏差，并制定了相应的解决方案。陈等人[52]设计了一个状态智能感知系统，实现了对高压隔离开关操作条件的实时监测和评估，如接触温升、断开和闭合位置的双重确认以及隔离开关的可视校准，这些经常在高压隔离开关的操作和维护中发生的问题。它提高了隔离开关的运行可靠性和操作维护的便利性，并提高了高压隔离开关设备的智能化。陈等人[53]利用多支持向量域描述方法提高了高压隔离开关的故障识别性能。为了解决高压隔离开关的闭合位置观察存在的不准确问题，滕等人[54]提出通过识别开关状态角度并应用支持向量机（SVM）算法来观察开关臂轮廓的方向梯度直方图图像特征的方法，以判断开关的异常状态。刘等人[55]从采样的定子电

流中提取时间和频率特征量，并利用 SVM 对高压隔离开关的故障进行分类。易等人[56]
应用在线监测平台模拟故障特征信号并提取特征，然后利用机器学习算法识别故障类型。
大量的研究集中于使用机器学习算法分析或检测隔离开关的故障，通过收集结构化数据，
如模拟故障信号来训练模型。

此外，在电力企业的结构化数据之外，大量有用的信息包含在大量非结构化数据中，
如实验报告、维护数据和规章制度。知识图谱（KG）和自然语言处理（NLP）技术是处
理非结构化数据的强大工具；因此，它们逐渐被引入到电力领域，如变电站和配电网络
的维护、电网故障分析、智能调节[57]。张等人[58]首次定义了与变电站维护相关的本体
（实体）的概念和属性，然后提出了一个关于变电站维护的 9 步本体构建解决方案。乔
等人[59]通过将各种非结构化文本数据（如操作规程和处理方案）转换成结构化知识网络，
为电网故障处理建立了一个 KG 应用框架。他们指出，辅助决策的 KG 可以分为五个等
级，并应该逐步构建。类似地，肖等人[47]通过采用非结构化数据，提出了用于故障信息
辨别的电网故障 KG 构建方法。参考低压配电网络的顶层结构，高等人[60]从多个结构化
数据库表中提取本体、属性和本体之间的关系，并将它们映射成（实体，关系，实体）
或（实体，关系，属性）的三元组，通过将三元组存储到图数据库中，构建了低压配电
网络的知识图谱。这种简单的构建方法依赖于结构化数据库表和表之间的关系，但是很
难将表中的长文本映射到实体属性，可能导致歧义。

总之，知识图谱在电力领域的研究和应用蓬勃发展，涵盖的技术包括：本体和专家
库、NLP 和传统图推理、大型语言模型和深度学习模型。大型语言模型和深度学习算法
适用于在大型数据库中发现通用知识，而知识图谱可以帮助在小型领域数据集中探索新
的专业知识；因此，它们的结合将更有利于提高电力领域的智能化。受此启发，本研究
利用大型语言模型和 KG 技术挖掘与隔离开关相关的非结构化文档，通过 KG 推理搜索
隔离开关发热故障的可能因素。然后，将可能的原因投影到因素中，并结合结构化数据，
利用机器学习算法预测隔离开关的发热故障。

总体检测框架如图 5-23 所示。首先，文本文件被分割成词和标记，并根据
"chinese-roberta-wwm-ext" 的词汇位置，由 BERT 投影到 768 维向量中。然后，提出了
基于双向长短期记忆网络（BiLSTM）和条件随机场（CRF）（BiLSTM-CRF）以及卷积
神经网络融合注意力机制（CNN-Attention）模型的混合模型，以进一步提取与隔离开
关及其发热故障相关的实体和实体关系三元组的抽取。基于实体和关系，构建了隔离
开关的领域知识图谱（KGs），并将相关知识存储在 Neo4j 的图数据库中。通过融合构建
的 KGs，采用路径排名算法（PRA）来搜索导致发热故障的因素。结合 8 280 条结构化
记录，提出了基于焦点损失函数的支持向量机（FL-SVM）来诊断高压隔离开关的发热
故障。

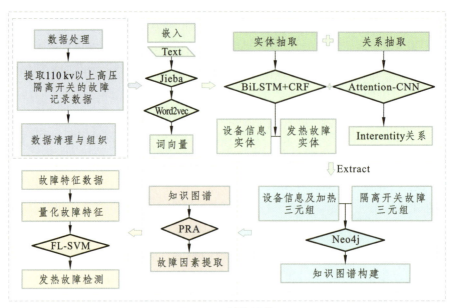

图 5-23　总体结构

5.2.3.1　实体与关系的提取与知识图的构建

对于高压隔离开关的知识图谱构建，需要从大量非结构化和半结构化文本中获取有用的语义信息，如设备状态记录文件、故障维护报告、技术报告和流程文件。这样多样的数据源导致不同的实体可能代表相同的语义，同一个实体可能具有不同的语义；因此，首先对高压隔离开关的文本数据进行手工标注，并使用实体对齐和实体消歧技术来处理这种不同情况，形成训练语料库。例如，实体"高压隔离开关"、"高压开关设备"或"高压开关"被标记为"高压隔离开关"的别名。出现在"两个设备的连接部分"和"GIS高压隔离开关的连接部分"中的"连接部分"实体被区分为两个不同的实体。然后，本文利用标注语料库训练提出的实体关系联合提取模型，并使用训练好的模型在其他与隔离开关相关的文本中提取实体和实体关系。提取的实体和实体关系存储在 Neo4j 中，构建了基于隔离开关和发热故障的知识图谱，构建过程如图 5-24 所示。

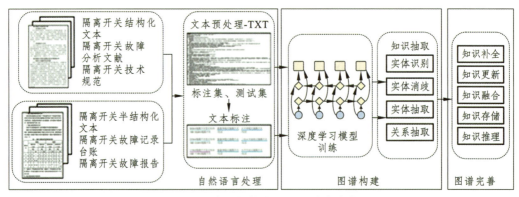

图 5-24　隔离开关故障知识图的实施方法

如图 5-25 所示，实体提取模块堆叠了 BERT 预训练模型[61]、BiLSTM 编码层[62]、全连接层和 CRF 层[63]。除了 BERT 和 BiLSTM 层外，关系提取模块还包含一个带有注意力机制的一维卷积和池化（CNN）层[64]。这两个提取模块共享 BERT 和 BiLSTM，其中 BERT 实现了单词嵌入和预训练，然后 BiLSTM 根据输入的训练数据集进一步微调，以找到单词之间的依赖关系。然后，基于马尔可夫链的 CRF 限制了实体之间可能的转换概率，进一步过滤了 BiLSTM 得到的无效依赖关系，并提高了实体识别的准确性。另一方面，CNN 池化层增强了 BiLSTM 搜索实体之间关联关系的能力，而注意力层更加关注关键词以识别实体之间的关系。

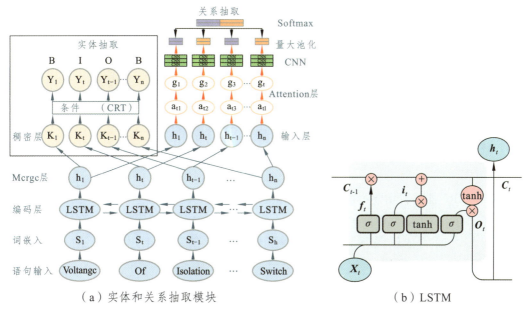

（a）实体和关系抽取模块　　　　　（b）LSTM

图 5-25　联合提取实体和关系的模型以及 LSTM 的结构

5.2.3.2　命名实体识别（NER）模块

1. BiLSTM

作 LSTM（Long-Short-Memory，长短期记忆）网络作为一种经典的内置多个记忆单元的递归神经网络，可以利用数据的长期依赖关系[65]。如图 5-25（b）所示，LSTM 包含四个自参数化控制门：遗忘门、输入门、记忆单元和输出门，描述为：$f_t i_t C_t O_t$

$$\begin{cases} f_t = \sigma\left(W_{xf}\left[h_{t-1}; x_t'\right] + b_f\right) \\ i_t = \sigma\left(W_{xi}\left[h_{t-1}; x_t'\right] + b_i\right) \\ \tilde{C}_t = i_t * \tanh\left(W_{xc}\left[h_{t-1}; x_t'\right] + b_c\right) \\ C_t = f_t * c_{t-1} + \tilde{C}_t \\ O_t = \sigma\left(W_{xo}x_t' + W_{ho}h_{t-1} + b_o\right) \\ h_t = O_t * \tanh\left(C_t\right) \end{cases} \quad (5\text{-}16)$$

在这里，$X'_t = \{x'_1, x'_2, \cdots, x'_t\}$ 表示由 BERT 编码的 d 维向量，W_{xf}，W_{xi}，W_{xe}，W_{xo}，b_f，b_i，b_c，b_o 是四个门的权重和偏置矩阵，σ 和 tanh 是激活函数。

然而，LSTM 只能捕获从前到后传递的信息，因此，引入 BiLSTM[61]可以同时获取文本中上下文之间的前向和后向依赖关系，从而更全面、更准确地反映信息。对于 BERT 标记的 d 维向量序列[62]，BiLSTM 将其编码为正向和向后向量，以反映上下文依赖关系，分别为：$\overrightarrow{h_t}$ 和 $\overleftarrow{h_t}$

$$h_t = \left[\overrightarrow{h_t};\ \overleftarrow{h_t}\right]$$
$$\overrightarrow{h_t} = \overrightarrow{\text{LSTM}\left(S_n, \overrightarrow{h_{t-1}}\right)},\ \overleftarrow{h_t} = \overleftarrow{\text{LSTM}\left(S_n, \overleftarrow{h_{t+1}}\right)} \qquad (5\text{-}17)$$

然后将 $\overrightarrow{h_t}$ 和 $\overleftarrow{h_t}$ 的拼接向量输入到全连接层中，获得属于手动预定义的标记标签的分数。对于具有 1 个标签的标注标签集合中的第 j 个标签，分数定义为：

$$k_j = h_i W + b \qquad (5\text{-}18)$$

其中，W 和 b 为全连通层的参数。经过全连接层计算得到的状态得分序列 $K_m = \{k_1, \cdots, k_j, \cdots, k_n\}$，$h_i$ 为拼接向量。

2. CRF

由于 CRF 能够自动学习训练数据集标签之间的约束，通常将 BiLSTM 与 CRF 结合以减少 NER（命名实体识别）的识别错误。形式上，CRF 利用转移得分矩阵 $V \in R^{l \times l}$，l 学习标签之间的依赖关系，其中 l 表示标签的数量。对于序列 X 的预测标签 $\hat{Y} = \{y_1, y_2, \cdots y_N\}$，转移得分定义如下：

$$S\left(X, \hat{Y}\right) = \sum_{i=1}^{N}\left(V_{y_{i-1}, y_i} + k_i\right) \qquad (5\text{-}19)$$

然后，通过 Softmax 损失函数计算标签 $\hat{Y}$ 的序列：

$$p\left(\hat{Y}|X\right) = \frac{\exp\left(S\left(X, \hat{Y}\right)\right)}{\sum_{\tilde{Y}|Y_X} \exp\left(S\left(X, \tilde{Y}\right)\right)} \qquad (5\text{-}20)$$

其中，Y_X 通过最小化负对数似然损失函数，可以得到最优参数：

$$L = \log \sum_{\tilde{Y}|Y_X} \exp\left(S\left(X, \tilde{Y}\right)\right) - S\left(X, Y\right) \qquad (5\text{-}21)$$

接着，使用维特比算法[66]对输入 X 进行解码，得到 $Y_1, \cdots Y_t, \cdots, Y_n$ 的标签。

实体间的关系的识别：实体间关系提取可以被视为一个分类任务，因此利用卷积神经网络融合注意力机制（CNN-Attention）[63]模型来接收来自 BiLSTM 的注释向量，并进一步提取实体间关系。当序列 $h_1, \cdots, h_t, \cdots, h_n$ 输入到第一个 CNN 层时，卷积核进行点积计

算，得到潜在特征序列： $C = \{c_1, \cdots, c_i, \cdots, c_n\}$

$$c_i = f\left(W \times h_{i:i+w-1} + b\right) \tag{5-22}$$

其中，f 是修正线性单元（ReLU）激活函数，c_i 是由卷积核 W 从输入 h_i 到 h_{i+w-1} 提取的特征。然后，对特征序列 C 进行最大池化操作以保留最突出的特征。在 h_i 上执行了与 b 个通道相关的多个 CNN 池化层之后，我们得到了特征序列 $S = \{s_1, s_2, \cdots, s_b\}$。进一步，注意力机制在特征序列中进一步挖掘重要的特征关联。在通道 S_t 中，查询 q 的注意力分数定义为：

$$\begin{cases} g_t\left(s_t, q\right) = \sum \alpha_{tl} * s_{tl} \\ \alpha_{tl} = \dfrac{\exp\left(\mathrm{score}\left(s_{tl}, q\right)\right)}{\sum_{l=1} \exp\left(\mathrm{score}\left(s_{tl}, q\right)\right)} \\ \mathrm{score}\left(s_{tl}, q\right) = V^T * \tanh\left(W s_{tl} + U q\right) \end{cases} \tag{5-23}$$

其中，W, U, V 是从数据中学习到的参数，$\alpha_{tl} > 0, \sum \alpha_{tl} = 1$ 表示通道 t 在位置 l 的注意力权重，s_{tl} 表示通道 t 中的第 l 个特征。通过这种方式，得到了所有 b 个通道的注意力分数，并通过 Softmax 层确定输入序列以最大概率属于哪个类别。

3. 发热因子提取

将手动标注的数据集与上述的 BERT、BiLSTM-CRF 和 CNN-Attention 模型结合起来，提取与隔离开关和发热故障相关的实体和实体关系。然后，确定的实体和实体关系被存储在 Neo4j 数据库中，并构建相应的知识图谱（KGs）。在建立的知识图谱上，利用路径排名算法（PRA）搜索可能导致发热故障的因素。设 $p = \{R_1, R_2, \cdots, R_l\}$ 为从 b 到 e 的路径序列，其中 $R_1 = r_1\{b_1, e_1\}$ 描述了通过 r_1 从实体 b_1 到实体 e_1 的单步路径。沿着路径 p 从 b 到 e 的概率被标记为特征分数 $s_{b,p}(e)$，其初始值为：

$$s_{b,p}(e) = \begin{cases} 1, & e = b \\ 0, & e \neq b \end{cases} \tag{5-24}$$

如果 p 不为空，并且 $p' = \{R_1, R_2, \cdots, R_{l-1}\}$，则 $s_{b,p}(e)$ 将通过以下方程进行迭代更新：

$$\begin{cases} s_{b,P}(e) = \sum_{e' \in range(P')} s_{b,p'}(e') * P\left(e|e'; R_l\right) \\ P\left(e|e'; R_l\right) = \dfrac{R_l(e', e)}{\left| R(e', \cdot) \right|} \end{cases} \tag{5-25}$$

5.2.3.3　机器学习模块

通过上述方法，从文本数据中提取可能导致隔离开关热故障的因素，结合现有的结构化数据，建立了基于焦点损失函数的（FL-SVM）支持向量机[67]进一步确定热故障。

1. SVM

引入高斯函数 $\phi(x)$ 的 SVM[67]模型对热故障进行非线性分类。首先，在高维线性空间中构造分类超平面；

$$\omega \cdot \phi(x) + b = 0 \qquad (5\text{-}26)$$

决策函数为：

$$f(x) = \text{sign}(\omega \cdot \phi(x) + b) \qquad (5\text{-}27)$$

最优超平面分类问题如下：

$$\begin{cases} \min\limits_{\omega,b} \dfrac{1}{2} \| \omega \|^2 \\ \text{s.t.} \ y_i (\omega \cdot \phi(x_i) + b) - 1 \geqslant 0, i = 1, 2, \cdots, N \end{cases} \qquad (5\text{-}28)$$

通过拉格朗日对偶转换，可以得到对偶问题：

$$\max_{\omega,b} -\frac{1}{2} \sum_{i=1}^{N} \sum_{j=1}^{N} \alpha_i \alpha_j y_i y_j \big(\phi(x_i) \cdot \phi(x_j)\big) + \sum_{i=1}^{N} \alpha_i \qquad (5\text{-}29)$$

$$\text{s.t.} \begin{cases} \sum\limits_{i=1}^{N} \alpha_i y_i = 0, i = 1, 2, \cdots, N \\ \alpha_i \geqslant 0, i = 1, 2, \cdots, N \end{cases} \qquad (5\text{-}30)$$

其中，$\phi(x_i) \cdot \phi(x_j) = K(x_i, x_j)$ 代表核函数，它将样本从输入空间转换为高维特征空间，使得原本线性不可区分的样本变得线性可区分。因此，得到的参数 b^* 和决策函数为：

$$\begin{cases} b^* = y_j - \sum\limits_{i=1}^{N} \alpha_i^* y_i K(x_i, y_j) \\ f(x) = \text{sign}\left(\sum\limits_{i=1}^{N} \alpha_i^* y_i K(x_i, x_j) + b^* \right) \end{cases} \qquad (5\text{-}31)$$

不同的核函数 $K(x_i, x_j)$ 对特征空间中的样本进行不同的映射变换，产生不同的支持向量机模型，本文采用高斯核函数对发热故障进行识别。

2. FL-SVM 模型

为了解决样本不平衡的问题，进一步提高 SVM 的分类能力，在 SVM 中引入了基于交叉熵的焦点损失函数。二分类的交叉熵定义为：

$$CE(p, y) = \begin{cases} -\log(p), & y = 1 \\ -\log(1 - p), & y \neq 1 \end{cases} \qquad (5\text{-}32)$$

Focal Loss 函数定义如下，其中 p 为分类概率，y 为分类标签。给定一个系数 $-\partial_t$（范围为[0，1]）和一个调制系数 γ 用于控制正负样本的权重：

$$FL(p, y) = -\partial_t (1 - p_t)^\gamma \log(p_t) \tag{5-33}$$

5.2.3.4　验　证

1. 数据来源和数据标注

高压隔离开关在 110 千伏以上的数据来自中国云南电网有限公司，其中包括 Word 文件、PDF 文件、Excel 文件和数据库表。经过数据清洗和预处理后，留下了总共 5 506 个与隔离开关相关的文本文件和 8 280 个结构化记录。为了避免手动处理非结构化文本文件的困难，本研究根据预训练双向编码器表示（BERT）[62]的编码规则和电力专业词典，手动标记了 578 份文件，其中包括操作程序文件、实验和测试报告。

为了解决实体冗余和关系提取精度不高的问题，本文改进了现有的实体关系联合注释方法[68]，形成了"BIEO" + "h-t-relation"注释。对于实体，其起始、中间和结束位置分别标注为 B、I 和 E，其他单词标记为 O。实体间的关系被标记为"h-t-relation"。

以 5-26 为例，根据 BIEO 规则首先识别了"隔离开关""闸刀"和"高压开关"等实体。然后标记了两种关系：

"h"：{"name"："隔离开关"（隔离开关），"pos"：[1，4]}，"t"：{"name"："闸刀"（闸刀），"pos"：[7，8]}，"relation"："AN"

"h"：{"entity"："隔离开关"（隔离开关），"pos"：[1，4]}，"t"：{"entity"："高压开关"（高压开关），"pos"：[11，14]}，"relation"："BT"

在此背景下，"h""t"和"pos"表示主实体、尾实体及它们在句子中的位置。另外，"t1"和"t2"分别代表第一个尾实体和第二个尾实体，"AN"和"BT"表示"Another_Name"和"Belong_To"之间的关系。为解决"Another_Name"关系引起的多词同义问题，进行了实体消歧。因此，预先标记了 578 个文本数据，涵盖了 89 个实体和 56 个关系。

2. 模型评价指标

通过准确率、精确率、召回率和 F1-Score 对分类模型进行评价，定义为：

$$\begin{cases} Accuracy = \dfrac{TP + TN}{TP + TN + FP + FN} \\[2mm] Precision = \dfrac{TP}{TP + FP} \\[2mm] Recall = \dfrac{TP}{TP + TN} \\[2mm] F1 = 2 \times \dfrac{Precision \times Recall}{Precision + Rccall} \end{cases} \tag{5-34}$$

其中，TN、TP、FP 和 FN 分别代表真阴性、真阳性、假阳性和假阴性。PRA 模型的评估指标是平均精度均值（MAP）：

$$\begin{cases} AP = \int_0^1 p_{\text{smooth}}(r)\,dr \\ MAP = \dfrac{1}{n}\sum_{i=1}^n AP_i \end{cases} \quad (5\text{-}35)$$

其中，p、r、n分别表示准确率、召回率和类别数，$p_{\text{smooth}}(r)$表示准确率-召回率平滑曲线上的召回率值对应的准确率值。

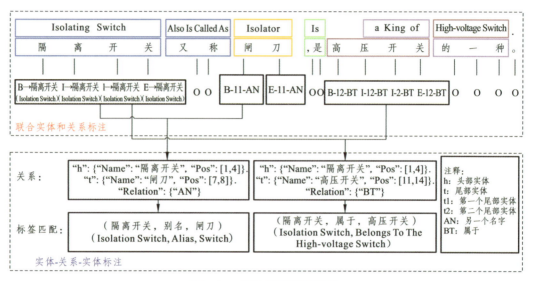

图 5-26　实体关系联合标注

3. 实体和实体关系抽取

我们在 5 506 个文本数据上对模型进行了训练，并使用了预先标记的 578 个文本数据，其中包含了 89 个实体和 56 个关系。BERT 的词嵌入维度和 BiLSTM 的隐藏状态维度分别设定为 768 和 256。CNN 池化层设置为 10 层，使用 1×3 的 CNN 核和 80 个通道。学习率、批量大小和 dropout 率分别设为 0.001、32 和 0.2，使用 Adam 优化器。经过模型的联合训练和推断后，获得了 89 个实体和 56 个关系。其中设备实体包括设备类型、制造商、所属电力供应局、所属变电站、投运日期、拓扑结构、海拔、温度、管理级别、电压等级、额定电流和电压等。热故障实体涉及接触氧化、接触腐蚀、螺栓松动、弹簧松动、表面损伤、弹簧夹紧力不足、材料不合格、加工工艺存在缺陷、接触表面加工质量差、未镀锌、接触面不足、产品设计、闭合位置不准、过闭合位置、夹持力不足、传动部件异常、高温、高湿、操作和维护水平以及质量。对应的实体识别和三元关系预测如表 5-5 所示。

我们引入了 LSTM-CRF 和 BiLSTM-CRF 来比较 BERT-BiLSTM-CRF 在实体识别中的性能，并使用 CNN 和 BERT-BiLSTM-CNN 来比较 BERT-BiLSTM-CNN-Attention 在关系识别中的性能。

表 5-5　实体和三重关系的识别

实体识别			
模型	Precision	Recall	Fl-score
LSTM-CRF	0.65	0.60	0.63
BiLSTM-CRF	0.70	0.68	0.69
BERT-BiLSTM-CRF	0.78	0.80	0.79
三元组关系识别			
模型	Precision	Recall	Fl-score
CNN	0.39	0.36	0.38
BERT-BiLSTM-CNN	0.65	0.63	0.64
BERT-BiLSTM-CNN-Attention	0.73	0.70	0.71

BERT-BiLSTM-CNN-Attention 和 BERT-BiLSTM-CRF 在关系和实体的重新识别中表现最佳，表明了 BERT 的有效性。预训练的 BERT 首先将单词编码成向量，然后 BERT 和 BiLSTM 都能发现实体及其依赖关系。进一步，CRF 和 CNN-Attention 能够更准确地识别实体和实体关系。实体的识别精度和召回率高于三元关系，因为关系的识别需要识别两个实体和一个关系，通常具有较远的依赖性，导致识别的难度增加并且性能降低。

例如，表 5-6 显示了我们从实验中提取的隔离开关信息的三元组。表 5-7 列出了从维护记录和故障记录中得到的隔离开关的热故障三元组。

表 5-6　隔离开关信息三元组

头实体	关系	尾实体
隔离开关 A	隶属	供电局 B
隔离开关 A	生产厂商	制造商 C
隔离开关 A	海拔	1860m
隔离开关 A	开始运营时间	06.05.2016

表 5-7　隔离开关的热故障三元组

头实体	关系	尾实体
隔离开关 A 发热	原因	触点松动或有缺陷（电气）
隔离开关 A 发热	位置	触角
隔离开关 A 发热	原因	触手松动的螺栓
隔离开关 A 发热	位置	连接

4. 高压隔离开关的知识图构建

作为一种 NoSQL 数据库，Neo4j 支持基于三元数据的知识图谱的存储、调用和展示。

在获得设备实体和热故障三元组的基础上，使用 Neo4j 构建设备知识图谱和故障原因知识图谱，如图 5-27 和图 5-28 所示。然后将它们融合，并应用 PRA 算法来找出导致发热的相关因素。例如，如图 5-27 所示，知识图谱找出了导致发热故障的因素，如外部环境、制造商等。如图 5-28 所描述的，一些故障影响因素和组件状态是可观察到的，比如接触氧化、接触腐蚀和接触面不足。这些因素对发热的影响将缩短设备的使用寿命。一些因素无法直接观察到，通常与制造商的产品缺陷、设备零部件的历史缺陷分布、高温高湿的外部环境以及操作和维护水平有关。由于这些影响因素的测量和交叉相关性的困难，本研究进行了明确可量化的故障原因提取，以获得直接可观察到的因素。

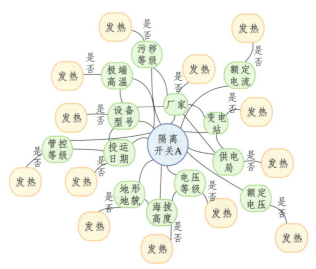

图 5-27　110 kV 以上隔离开关故障原因知识图谱

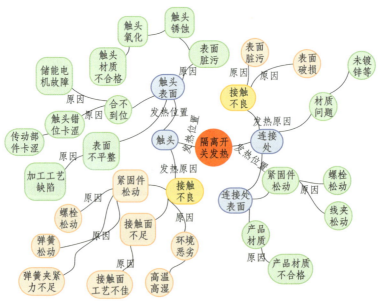

图 5-28　110 kV 以上隔离开关发热失效知识图谱

5. 发热故障因素的推理

PRA 将获得从实体 b 到 e 的所有相关路径的得分，高得分意味着因素或实体之间关系更为明显。然而，列举所有路径会导致算法复杂度高，可能导致不正确的推理；因此，将最大搜索路径长度设置为 6，以捕获大多数路径和潜在的发热影响因素。

如图 5-29（a）所示，随着路径长度的增加，实体数量将增加，并且随着训练路径数量的增加，MAP 会增大，如图 5-29（b）所示。PRA 从知识图谱中提取具有强相关性的潜在路径。表 5-8 列出了一些推断路径及其对应的权重。其中存在权重较低的路径，例如"隔离开关 A—（属于）—额定电压—（是/否）—发热"和"隔离开关 A—（位于）—丘陵地带—（是/否）—发热"。

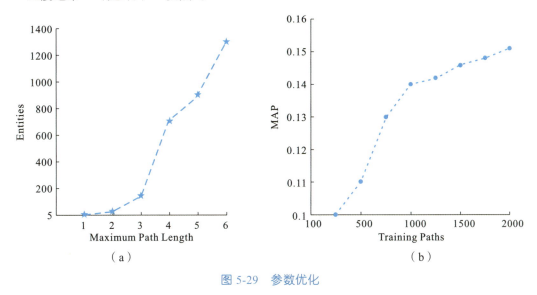

图 5-29　参数优化

6. 故障因素融合

所构建的 KGs 包含大量的故障相关信息，并应用 PRA 提取所有可能引起发热故障的常见因素。其中，可以直接观察到接触氧化、接触腐蚀、螺栓松动、弹簧松动等影响因素，其损耗会随着使用寿命的延长而增加。一些因素是人为的、不可观察的，如加工缺陷、不合格材料和产品设计缺陷。这些不可观察到的因素通常与制造商的产品缺陷有关。其他因素还与高温、高湿度的外部环境以及运维水平和质量有关。由于上述一些因素是互相关联或难以确定的，本研究进行了可测量的断层特征提取，以获得直接观测，如表 5-8 和 5-9 所示。

7. 故障识别

通过实体和关系识别、发热故障因素推理和故障测度指标提取，从文本数据中获得了 2 210 条与发热故障相关的记录。将其与 8 280 条现有结构化数据进行组合，形成热失效识别数据集，其中 80% 作为训练集，20% 作为测试集。为了验证 FL-SVM 的有效性，选取朴来的贝叶斯分类器（Naive Bayes）、SVM、多层感知机（MLP）、逻辑回归（LR）、随机森林（RF）进行预测性能比较。为了公平，对所有模型的参数进行优化，使用 Grid SearchCV 方法，如图 5-30 所示，确定 FL-SVM 的最优 C 和 Gama 参数为（1，1）。

表 5-8　路径和权重

Path	Weight	Feature
1	56.5	隔离开关 A-（是/否）-发热-（位置）-触头-（位于）-连接面-（所属）-供电局-（隶属）-站-（位于）-海拔 3500 公里
2	55.2	隔离开关 A-（是/否）-发热-（位置）-连接-（位于）-连接面-（所属）-制造商-（所属）-供电局-（位置）-海拔 3500 公里
3	51.3	隔离开关 A-（是/否）-发热-（位置）-触头-（位于）-连接面-（原因）-合闸未到位
4	50.9	隔离开关 A-（是/否）-发热-（位置）-触头-（位于）-连接面-（原因）-接触不良
5	49.8	隔离开关 A-（是/否）-发热-（位置）-连接-（位于）-连接面-（原因）-产品材质不合格
6	46.7	隔离开关 A-（是/否）-发热-（位置）-连接-（原因）-接触不良-（原因）-表面脏
		……
7	18.5	隔离开关 A-（是/否）-发热-（位置）-连接-（原因）-接触不良-（原因）-表面损坏
8	15.2	隔离开关 A-（属于）-污秽等级-（是/否）-发热
9	10.6	隔离开关 A-（属于）-控制电平-（是/否）-发热
10	7.8	隔离开关 A-（属于）-制造商-（是/否）-发热
11	5.6	隔离开关 A-（属于）-设备类型-（是/否）-发热
12	4.5	隔离开关 A-（位于）-海拔 2200km-（是/否）-发热
13	2.0	隔离开关 A-（属于）-电压等级-（是/否）-发热
14	-2.3	隔离开关 A-（属于）-额定电压-（是/否）-发热
15	-12	隔离开关 A-（位于）-丘陵-（是/否）-发热

6 种机器学习模型在测试数据集上的实验结果如表 5-9 所示。可以看出，无论在结构化数据集还是混合数据集上，FL-SVM 都具有较好的识别性能。表明影响因素与发热之间存在非线性关系，FL-SVM 可以通过将数据映射到高维空间来捕捉这种非线性关系。

逻辑回归作为线性回归模型，其较差的召回率和 F1-score 也证明了这种非线性关系的存在。由于无法区分阳性样本，NB 和 MLP 的召回率都较低。NB 过于依赖先验概率，导致之后的分类效模型在混合数据集上的二分类。ROC- AUC 表示模型的整体分类效果，AUC 越接近 1，分类越准确。PR-AUC 描述了模型正样本的分类能力，PR 值越接近 1，表示正样本分类越完整。如图 5-31 所示，FL-SVM 可以在正负识别上得到权衡，从而获得更好的准确率和召回率。在负样本较少的情况下，RF 作为一种集成学习方法，能够自动选择有用的特征用于分类，并在召回率上表现良好，能够以较低的准确率更好地区分正样本。总体而言，基于混合数据的故障诊断方案提高了预测性能，同时将文本数据和结构化数据一起进行挖掘，可以弥补结构化样本不足的不足，特别是对于小样本的正样本。同时，通过挖掘非结构化数据，可以发现高压隔离开关引起发热故障的潜在因素，更有利于诊断不常见故障。FL-SVM 对正、负样本的预测效果优于其他模型，并可根据 FL-SVM 的分类结果制定故障检测方案。

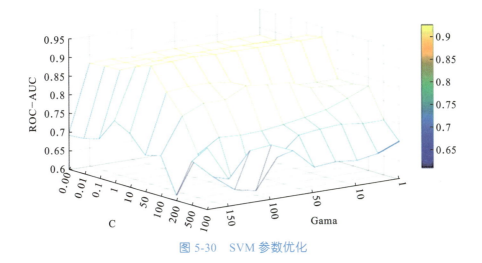

图 5-30　SVM 参数优化

表 5-9　故障原因和故障测量指标

ID	可能的故障因素	故障测量指示器
1	触点氧化、触点腐蚀、螺栓松动、弹簧松动、表面断裂、弹簧夹紧力不足	多年运行，年缺陷率和污染面积等级
2	电力局运维水平	运维水平
3	材料不合格，机加工有缺陷，接触面差而不足，未镀锌，产品设计有问题	制造商的不良率
4	温湿度高	温度和湿度
5	合拢不充分、过合拢、夹紧力不足、传动元件异常	设备类型的缺陷率

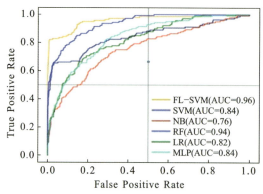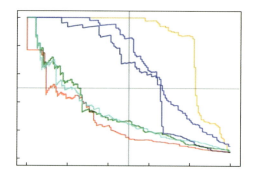

图 5-31　混合数据下 6 个模型的 ROC-AUC（左）和 PR-AUC（右）

表 5-10　不同机器学习模型的性能比较

模型	只在结构化数据上				在混合数据上			
	Accuracy	Precision	Recall	Fl-score	Accuracy	Precision	Recall	Fl-score
RF	0.8	0.63	0.80	0.70	0.83	0.63	0.86	0.73
Naïve Bayes	0.82	0.69	0.54	0.60	0.85	0.71	0.59	0.64
MLP	0.81	0.78	0.50	0.60	0.85	0.80	0.54	0.64
LR	0.84	0.78	0.55	0.64	0.87	0.81	0.55	0.66
SVM	0.85	0.79	0.67	0.73	0.88	0.83	0.71	0.77
FL-SVM	0.86	0.81	0.77	0.78	0.88	0.85	0.81	0.83

5.2.3.5　小　结

要减少成本并实现对高压隔离开关热故障的准确检测，本案例收集了大量结构化和非结构化数据进行联合数据挖掘和故障识别。为了提取文本数据中与开关和发热故障相关的信息，引入了 BERT 对文本数据进行编码和实施数据预训练。在此基础上，提出了 BiLSTM-CRF 和 CNN-Attention 模型，进一步识别与隔离开关和发热故障相关的实体和实体间关系。然后，构建了隔离开关和发热故障的知识图谱，并存储在图数据库 Neo4j 中，应用 PRA 模型找出可能导致开关发热的潜在因素。结合结构化数据，提出了 FL-SVM 来预测发热故障。实验证明，我们对非结构化数据的挖掘可以发现导致开关发热的因素，并弥补了结构化数据样本不足的问题。基于混合数据，故障预测性能得以提高，并能够发现更多导致热故障的潜在因素，尤其是不常见的故障。实验还表明，热故障可能是由人为因素、产品质量、环境、设备技术等因素造成的，其中固有的设备缺陷特别突出。改进后的 FL-SVM 模型在识别高压隔离开关热故障方面具有高准确性和可靠性。所有这些都表明，基于混合数据的故障诊断方案可以实现更好的识别性能，有助于运维人员定位热故障并协助制定相应的检修计划。未来，知识图谱将扩展到其他设备，提供更充分的辅助决策。同时，随着设备数量和数据量的增加，由于参数的大量增加，模型的操作效率需要进一步提高。

5.2.4　案例三：知识图谱在输变电设备运维中的应用

当前，电力设备生产数据的分类体系研究尚处于空白，数据应用手段仍是简单统计状态，数据对设备智能化运维的支撑尚处于初级阶段。输变电设备作为电网输送电能、变换电压的重要设施，是电力输送的关键环节。输变电设备的安全稳定运行保障了用户的用电质量和安全，但传统的输变电运维方式仍存在许多不足，历史数据中蕴含的知识价值未得到深入挖掘，为了实现知识的有效利用和管理，近年来已经有研究将知识图谱引入到输变电设备的智能运维中。

目前，传统的输变电设备运维仍存在以下不足：① 数据价值方面挖掘不足，缺乏理论模型与方法支撑[69]；② 多类型数据关联分析欠缺，数据分析结果未有效输出至设备选型、项目投资、运维检修等策略制定[70]；③ 典型场景下的数据挖掘算法与分析模型未有效建立，数据辅助决策作用不明显[71]；④ 数据挖掘欠缺等因素的影响下，数据分析支撑资产设备全生命精细化管理不足、应用场景受限[72]；⑤ 电力系统采用的评估诊断方法依赖单一或少数状态参量来进行分析和判断，诊断结果准确度低，难以及时发现潜伏故障。如图 5-32 所示，针对上述问题，本案例结合传统输变电设备运维各环节，建立面向输变电设备的全生命周期数据分类体系；研究输变电设备生产要素数据字典以及面向输变电设备全生命周期数据的知识库；构建基于电网设备管理数据特征的知识图谱；研究生产效能评价指标与多类数据要素智能运维协同及图谱融合技术。

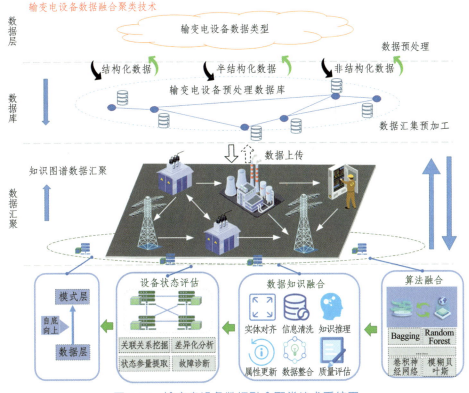

图 5-32　输变电设备数据融合聚类技术系统图

5.2.4.1 输变电设备运维知识图谱关联分析

输变电设备运维系统在引入知识图谱之后，系统各部分信息能够得到有效储存并实现可视化呈现。各部分之间彼此关联，构成输变电设备运维信息交互网，交互网能实时反映出系统各环节实时状态信息，准确评估输变电设备运维实时状态，并进一步完成实时故障分析诊断，生成有价值的历史报告数据，有序储存于数据库之中。

构建知识图谱共有四个环节：信息关系抽取、信息联合抽取、信息实体抽取以及图谱融合抽取，其中图谱融合抽取是核心关键技术，负责完成对信息智能化处理。通过结合知识图谱与不同学习方法应用于输变电设备运维中，能够提高输变电系统的日常运行和维护速度，在提高电网电能质量的同时有效降低电网各类故障的发生率。

当知识图谱与原定系统规则方法结合之后，能够完成预定目标的输变电设备运维体系状态分析，可靠性较高。但该类组合之下，需要较多的人力投入、耗时较长、系统智能化水平较低。由此，在知识图谱的基础上，加入机器学习方法和深度学习方法分别对输变电设备运维体系进行状态分析。两个样本结果显示，两类方法都能使系统提升至更高智能化水平，减少人工投入，但系统状态分析可靠性降低。通过对上述几类情况的分析总结，在原始技术的基础之上，引进强化学习方法对输变电设备运维系统进行分析计算。如图 5-33 所示，此时系统智能化水平极高，系统状态分析可靠性较高，与应用原定系统规则方法时状态分析可靠性基本持平，人工成本投入则大大减少。

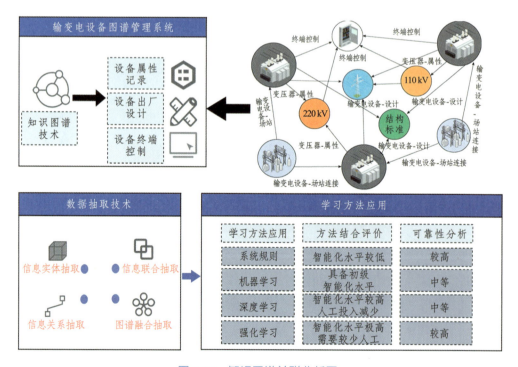

图 5-33　知识图谱关联分析图

5.2.4.2　输变电设备运维知识图谱框架结构

1. 知识图谱框架构建

从纵向立体结构上，输变电知识图谱可以划分为基础语料库、知识抽取层和知识融合层。基础语料库具备存储由系统输入端汇入的原始数据的功能属性；由基础语料库预加工的结构化、非结构化的关键数据融入知识抽取层完成初加工；经由知识抽取层初加工后数据已具备基础识别利用价值，会有序流向知识融合层，在知识融合层得到完整加工处理，对来源处输变电设备各种类型数据定性整合。知识抽取层是知识融合层的抽象概念化，知识融合层是只是抽取层的具象实例化。

2. 输变电设备运维知识图谱更新

随着输变电设备的增加和更新迭代，输变电设备运维知识图谱也需实时更新。根据实际情况及时调整知识图谱结构，增加输变电设备新知识、删除输变电设备过期知识。输变电设备更新数据传输完毕后，到达应用层，由应用层进行进一步的加工和更新，完成数据流动和归聚，由应用层更新归聚后的数据最终反馈到中心整合区，实现输变电设备运维知识图谱的更新。数据层是应用层的数据支撑，而应用层是对数据层以及总体输变电设备运维知识图谱结构框架的反馈和更新。

从更新方式上来看，输变电设备运维知识图谱有增量更新和全量更新两种方式。其中增量更新消耗资源较小，只对输变电设备新增知识进行更新；全量更新资源消耗较大，需要对所有数据进行更新。

5.2.4.3　输变电设备知识图谱运维和应用

1. 输变电设备运维

输变电设备数据进行加工处理后所呈现出的各类数据实际情况如图 5-34 所示，结合现代人工智能，分析图谱在实际场景中的应用。输变电设备知识图谱运维体系的主要应用场景分为输电设备数据信息记录、输电设备运维检修知识库/案例库的构建、输电精益作业管理系统运行、变电设备生产管理系统运行、变电设备实时状态信息检测、变电现场作业数据采集系统。

运维中心将实时数据进行汇总和加工处理，整理形成大型日志数据库，用于记录不同时间段的输变电设备状态数据，并通过数据库形成设备运行状态故障案例归纳，抽取其中包含的故障经验，完成对输变电设备运维的分析和预测。

运维初期阶段，按照不同设备数据类型，通过输变电设备运维检修基础语料库加工生成，经过知识抽取和知识融合机制处理，得到输变电知识图谱运维初始数据。运维后期阶段，通过梳理得到的输变电知识图谱运维初始数据，并结合输变电设备缺陷和故障历史信息和实时信息，为设备后续健康状态的评估做铺垫，进而完成设备寿命预测。

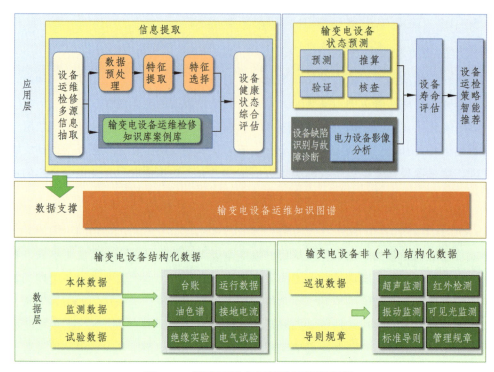

图 5-34 输变电设备运维数据处理框架

2. 输变电设备状态监测

针对输变电设备本身构造复杂以及各时间状态量较多，在监测过程易出现数据滞留重叠和数据特征提取迟缓等问题；在输变电设备运维环节中有针对性地引入人工智能算法和数学统计分析方法，并基于输变电多源设备所记录于库中的不同状态数据，构造输电设备状态实时模型。知识图谱智能运维指令如图 5-34 所示。本文所构建的运维指令基于两类模型开展，第一类是通过数学模型对设备状态进行评价，确定状态关键特征指标与实时状态评价权重，最后对输变电重要设备实时状态进行评价，引入 AHP 法[73]和熵值法[74]两类数学分析方法进行建模分析；第二类是基于人工智能算法完成样本训练，应用机器学习算法、关联规则学习算法[75]、聚类算法[76]、朴素贝叶斯算法[77]等构建输变电设备诊断模型，完成对输变电设备整体运行状态的有效建议评估

现阶段人工智能技术已经逐渐在电力系统行业中得到广泛应用，为电网智能化的推进和电力生产效率的提升带来强大的推动力。输变电设备在电力系统中承载着电力的运输和转化的关键作用。输变电设备的稳定性、安全性会直接影响整个电力企业的运营情况。然而，输变电设备运维数据在电网中尚未得到有效和合理利用。本案例将知识图谱运用到输变电设备运维检修当中，完整地梳理了输变电设备运维知识图谱的研究现状和构建方法。在帮助企业提高维修效率的同时，还能降低人力成本。技术人员可以充分地利用知识图谱的可视化功能对电力设备故障进行准确的判断和分析，为输变电设备检修工作人员提供实质性建议。

5.3　基于知识图谱和大语言模型的输变电设备知识问答

输变电设备相关知识、故障、缺陷、维修策略等问题的解决其本质是相关设备知识的获取，知识获取方式主要分为以数据库检索为主的方式、搜索引擎为主的检索方式以及以问答系统为主的问答方式。数据库查询方式以 SQL 查询语句为基础，通过相同或相似匹配从数据库找到需要的答案，其查询速度和是否能得到相对准确的答案与数据库规模相关。搜索引擎的检索方式主要是通过关键词匹配技术等从数据库、索引以及文本中获取相关的信息，这种方法通过匹配关键词可以获取一系列相关的信息来推荐给用户。但是常常包含很多冗余信息，需要用户消耗大量的时间和人力资源从获取的信息中进行进一步的筛选工作。不同于检索方式，问答方式是一个较为高级的信息获取方式，能够基于自然语言的输入，利用计算机满足用户的知识需求。具有答案精准、目的性强的特点，能够极大地提升知识获取的效率。设备检修场景下，检修人员更想获得精准、直接的问题解决方法，而问答方式和图谱推理方式能够较好的满足这种需求。因此，本节选择问答方式和图谱推理作为系统的表现形式，针对故障检修过程中需要的相关问题进行解答，帮助检修人员更好的进行设备检修，降低故障损失，提升设备的运行稳定性和经济效益，从而保证电力系统安全、可靠、经济地运行。

智能问答系统的底层是自然语言处理（Natural Language Processing，NLP）技术[78]，属于人工智能领域的一个重要分支，专注于让计算机理解、解析、操作和生成人类语言，并提供准确、高效的答案或解决方案，涉及从人类语言中提取信息、理解意图、生成文本以及与人类进行自然、流畅地交流，其发展史如图 5-35 所示。

5.3.1　大语言模型

传统的语言模型通常基于规则和统计方法，依赖于手动设计的特征和规则。这些模型往往受限于语言表达的复杂性和数据规模，难以捕捉语境的丰富性和复杂的语义关系。传统卷积神经网络（CNN）和循环神经网络（RNN）等的神经网络架构在语言处理领域中也发挥了重要作用，但 CNN 和 RNN 在语义理解和上下文记忆性能较弱。大语言模型具备处理海量文本数据的能力，是一种能够理解和生成自然语言的强大模型，利用深度学习技术对语言进行建模和处理，获取对海量文本更深层次、更广泛的理解，从而生成自然语言，结构包括基于 Transformer 架构的模型、GLM（General Language Model）模型等。

5.3.1.1　Transformer 模型

Transformer 模型最初由 Vaswani 等人在 2017 年的论文'Attention is All You Need'[79]中提出，是自然语言处理领域里程碑式的创新，被视为开山之作。Transformer 是基于自注意力机制（Self-Attention Mechanism）的深度学习模型，其优秀的性能和灵活性使其从最初的处理序列到序列（Sequence-to-Sequence）的任务，比如机器翻译，泛化到了各种自然语言处理（NLP）任务。

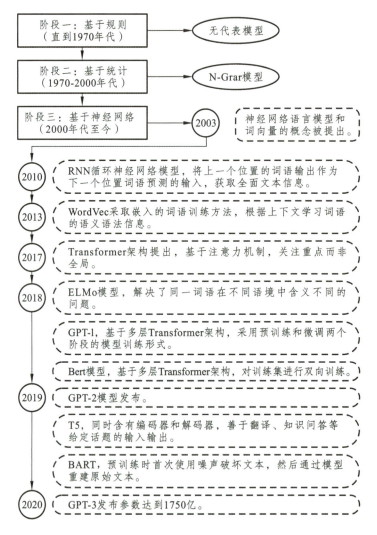

图 5-35　自然语言模型发展史

Transformer 模型主要由以下几部分组成（图 5-36）：

（1）自注意力机制（Self-Attention Mechanism）：自注意力机制是 Transformer 模型的核心。它允许模型在处理一个序列的时候，考虑序列中的所有单词，并根据它们的重要性给予不同的权重，这种机制使得模型能够捕获到序列中的长距离依赖关系。

（2）位置编码（Positional Encoding）：由于 Transformer 模型没有明确的处理序列顺序的机制，所以需要添加位置编码来提供序列中单词的位置信息。位置编码是一个向量，与输入单词的嵌入向量相加，然后输入到模型中。

（3）编码器和解码器（Encoder and Decoder）：Transformer 模型由多层的编码器和解码器堆叠而成。编码器用于处理输入序列，解码器用于生成输出序列。编码器和解码器都由自注意力机制和前馈神经网络（Feed-Forward Neural Network）组成。

（4）多头注意力（Multi-Head Attention）：在处理自注意力时，Transformer 模型并不只满足于一个注意力分布，而是产生多个注意力分布，这就是所谓的多头注意力。多头注意力可以让模型在多个不同的表示空间中学习输入序列的表示。

（5）前馈神经网络（Feed-Forward Neural Network）：在自注意力之后，Transformer 模型会通过一个前馈神经网络来进一步处理序列。这个网络由两层全连接层和一个 ReLU 激活函数组成。

（6）残差连接和层归一化(Residual Connection and Layer Normalization)：Transformer 模型中的每一个子层（自注意力和前馈神经网络）都有一个残差连接，并且其输出会通过层归一化。这有助于模型处理深度网络中常见的梯度消失和梯度爆炸问题。模型架构图如图 5-36 所示。

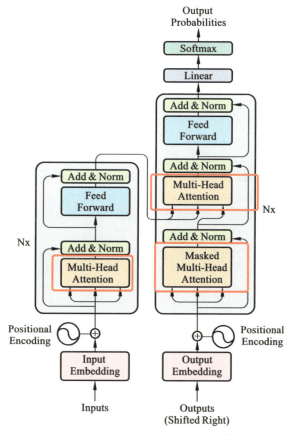

图 5-36　Transformer 模型架构图[94]

左侧为 Encoder block，右侧为 Decoder block。红色圈中的部分为 Multi-Head Attention，是由多个 Self-Attention 组成的，可以看到 Encoder block 包含一个 Multi-Head Attention，而 Decoder block 包含两个 Multi-Head Attention（其中有一个用到 Masked）。Multi-Head Attention 上方还包括一个 Add & Norm 层，Add 表示残差连接（Residual

Connection）用于防止网络退化，Norm 表示 Layer Normalization，用于对每一层的激活值进行归一化。Transformer 模型的优点在于，它能够并行处理序列中的所有单词，这使得它在处理长序列时比循环神经网络（RNN）更高效。另外，自注意力机制使得模型能够捕获到序列中长距离的依赖关系，这是 RNN 难以做到的[80]。

5.3.1.2 GPT 模型

GPT[81]，全称为 Generative Pre-training Transformer，是 OpenAI 开发的一种基于 Transformer 的大规模自然语言生成模型。GPT 模型采用了自监督学习的方式，首先在大量的无标签文本数据上进行预训练，然后在特定任务的数据上进行微调。GPT 模型的主要结构是一个多层的 Transformer 解码器，但是它只使用了 Transformer 解码器的部分，没有使用编码器-解码器的结构。此外，为了保证生成的文本在语法和语义上的连贯性，GPT 模型采用了因果掩码（Causal Mask）或者叫自回归掩码（Auto-Regressive Mask），这使得每个单词只能看到其前面的单词，而不能看到后面的单词。生成模型实现对话如图 5-37 所示：

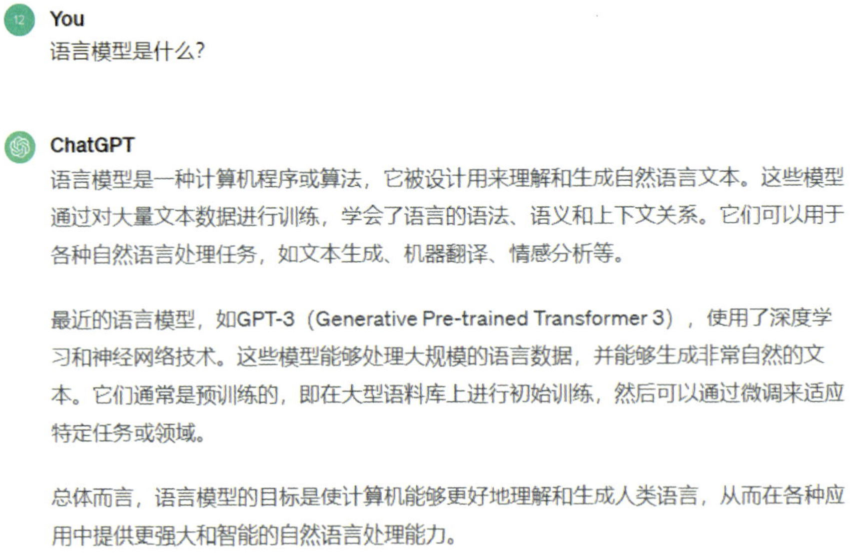

You
语言模型是什么？

ChatGPT
语言模型是一种计算机程序或算法，它被设计用来理解和生成自然语言文本。这些模型通过对大量文本数据进行训练，学会了语言的语法、语义和上下文关系。它们可以用于各种自然语言处理任务，如文本生成、机器翻译、情感分析等。

最近的语言模型，如GPT-3（Generative Pre-trained Transformer 3），使用了深度学习和神经网络技术。这些模型能够处理大规模的语言数据，并能够生成非常自然的文本。它们通常是预训练的，即在大型语料库上进行初始训练，然后可以通过微调来适应特定任务或领域。

总体而言，语言模型的目标是使计算机能够更好地理解和生成人类语言，从而在各种应用中提供更强大和智能的自然语言处理能力。

图 5-37　生成模型对话

在预训练（Pre-training）阶段，GPT 模型使用了一个被称为'Masked Language Model'（MLM）的任务，也就是预测一个句子中被遮盖住的部分。预训练的目标是最大化句子中每个位置的单词的条件概率，这个概率由模型生成的分布和真实单词的分布之间的交叉熵来计算。

在微调（Fine-tuning）阶段，GPT 模型在特定任务的数据上进行训练，例如情感分类、问答等。微调的目标是最小化特定任务的损失函数，例如分类任务的交叉熵损失函数。

GPT 模型的优点在于，由于其预训练-微调的训练策略，它可以有效地利用大量的无标签数据进行学习，并且可以轻松地适应各种不同的任务。此外，由于其基于 Transformer 的结构，它可以并行处理输入序列中的所有单词，比基于循环神经网络的模型更高效。ChatGPT 在 GPT-3.5 模型基础上，通过无监督学习与强化学习技术进行微调，并提供了客户端界面，支持用户通过客户端与模型进行问答交互。

5.3.1.3　ChatGLM 模型

ChatGLM 模型被称为站在巨人肩膀上的模型，先来看下 GLM（General Language Model）模型之前的 3 大类主流模型：

1. 自编码模型（Autoencoding）

以 BERT、ALBERT、RoBERTa 为代表，训练 MLM 语言模型，实现的是真正双向的语言模型。主要擅长自然语言理解类的任务，包括文本分类、情感分析等，也常被用来生成句子的上下文表示。

2. 自回归模型（Autoregressive）

以 GPT 模型家族为代表，运用的就是传统语言模型的思想，根据上文来预测下一个单词，是一种单向的语言模型。主要擅长无条件的生成式任务（就是给定一个 context 去生成它的下文。）

3. 编码器-解码器模型（Encoder-Decoder）

使用 Transformer 的完整结构，编码器是双向的，解码器是单向的。主要擅长有条件的生成式任务（seq2seq 类的，往往是给定一个文章去生成摘要等）。

ChatGLM 参考了 ChatGPT 的设计思路，在千亿基座模型 GLM-130B 中注入了代码预训练，通过有监督微调（Supervised Fine-Tuning）等技术实现人类意图对齐，不同于 BERT、GPT-3 以及 T5 的架构，ChatGLM 是一个包含多目标函数的自回归预训练模型。

5.3.2　GLM 核心工作

按照自动编码的思想从输入文本中随机删除连续的标记 spans，并按照自回归预训练的思想训练模型顺序重建 spans（图 5-38）。虽然空白填充（Blank Filling）已在 T5 中用于文本到文本的预训练，GLM[82]对此进行改进，即 span shuffling 和 2D positional encoding。

在参数量和计算成本相同的情况下，GLM 在 SuperGLUE 基准测试中的表现明显优于 BERT 4.6% ~ 5.0%，并且在类似规模的语料库（158 GB 训练数据）上进行预训练时优于 RoBERTa 和 BART。GLM 在 NLU 和参数和数据更少的生成任务上也明显优于 T5。

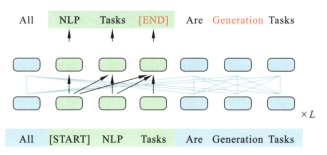

图 5-38　自回归预训练的思想

受模式利用训练（Pattern-Exploiting Training，PET）的启发，将 NLU 任务重新表述为模拟人类语言的人工制作的完形填空问题。与 PET 使用的基于 BERT 的模型不同，GLM 可以通过自回归填空自然地处理完形填空问题的多标记答案[83]。

5.3.2.1　预训练任务的约束

图 5-39 中图（a，b，c，d）这几个部分的内容理解如下：

输入文本 $x = [x_1, x_2, \cdots, x_n]$，从上述的文本中采样出来一个连续的 Token 序列 $s = [s_1, s_2, \cdots, s_n]$，其中 s_i 表示的是一个连续的 token 序列 $s = [s_{i,1}, s_{i,2}, \cdots, s_{i,l_i}]$，将某一个 span 替换成一个[MASK]的 Token，这个序列称为损坏文本 x_{torrupt}。为了让模型能较好去捕获不同 span 之间的依赖性，采用 Permutation Language Model[84]。

$$\max_\theta \left(E_{z-Z_m} \right) \left[\sum_{i=1}^{m} \log \left(p_\theta \left(s_{z_i} | x_{\text{torrupt}}, s_{z_{i<q}} \right) \right) \right] \tag{5-36}$$

其中，Z_m 表示的是长度为 m 的所有序列的排列，$s_{z\sim i} \sim [s_{z_1}, s_{z_2}, \cdots, s_{z_{i-1}}]$，其中上述部分可以转换成如下的表达式：

$$p_\theta \left(s_i | x_{\text{corrupp}} s_{z_i} = \prod_{j=1}^{l_i} p(s_{i,j} | x_{\text{corrup}\theta} s_{z<j}, s_{i<j}) \right) \tag{5-37}$$

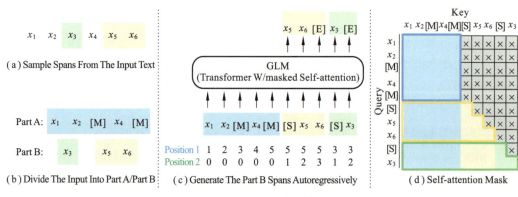

图 5-39　GLM 预训练

输入的文本可以划分成两个部分，如图 5-39（b）所示：

（1）Part（A）是 x_{torrupt}。

（2）Part（B）是掩码的内容。

Query（Part A + Part B）中每个 Token 可以感知到的其他 Token 的作用范围如图 5-39（c）所示。

按照 $\lambda = 3$ 的泊松分布的概率分布去对文本中的 span 进行随机采样，大约采样到有 15% 的内容被 Mask 掉，经验上 15% 的随机 Mask 占比对下游的自然语言理解任务的效果最好。

5.3.2.2　Multi-Task Pretraining

我们研究了一个多任务预训练设置，其中生成更长文本的第二个目标与空白填充目标联合优化。

在文件级上，对单个跨度进行采样，其长度是从原始长度的 50%　100% 的均匀分布中采样的，目标是生成长文本；在句子级上，限制屏蔽的跨度必须是完整的句子，对多个跨度（句子）进行采样覆盖原始标记的 15%，针对完整句子或段落，实现序列预测任务（Seq2Seq）。

5.3.2.3　模型架构

GLM 对单个 Transformer 架构进行了多处修改：

（1）重新排列了层归一化和残差连接的顺序，这已被证明对于大规模语言模型避免数值错误至关重要[85]。

（2）用 GeLU（Gaussian Error Linear Units）替换 ReLU 激活函数（Bridging nonlinearities and stochastic regularizers with gaussian error linear units 2016），其函数表达式为：

$$GeLU(x) = x \cdot Q(x) \tag{5-38}$$

其中，$\Phi(x)$ 为标准正态分布的累积分布函数，即：

$$\frac{1}{2}\left(1 + \tanh\left(\sqrt{\frac{2}{\pi}}\left(x + 0.044\ 715 * x^3\right)\right)\right) \tag{5-39}$$

5.3.2.4　位置编码（2D Positional Encoding）

Transformer 模型中《Attention is All You Need》的位置编码是为了在输入中引入序列信息，使模型能够区分不同位置的词语。通过将位置信息编码成一个向量，与词向量相加来表达每个位置的信息。使模型能够区分不同位置的词语。位置编码向量是根据位置信息计算得到的，每个位置对应一个唯一的向量。这个向量可以通过以下公式计算得到：

$$PE_{(pos,2i)} = \sin\left(\frac{pos}{10\ 000^{\frac{2i}{d}\ \text{model}}}\right) \quad\quad （5-40）$$

其中，pos 是词语在输入序列中的位置，i 是位置编码向量中的下标，d_{model} 是模型的隐藏层的维度。位置编码向量的作用是为每个位置引入一个相对的位置信息，并且能够保持一定的连续性，让模型能够理解序列的整体结构。便于自注意力机制的实现。

5.3.2.5 微调 GLM

通常，对于下游 NLU 任务，线性分类器将由预训练模型产生的序列或标记的表示作为输入，并预测正确的标签。事实上生成式预训练任务不同，导致预训练和微调之间的不一致。受 PET 这个文章的启发，使用空白填充的生成任务重新设计了 NLU 分类任务，如图 5-40 所示。

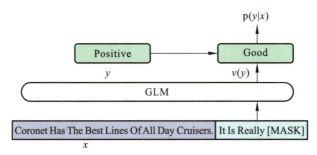

图 5-40　制定了用 GLM 进行空白填充的情绪分类任务

对于一个给定标签的样本 (x,y)，把文本 x 设计成单个词的完形填空问题，其中 y 表示完形填空的结果。

$$p(y\,|\,x) = \frac{p\big(v(y)|c(x)\big)}{\sum y' \in \in P\big(v(y')c(x)\big)} \quad\quad （5-41）$$

此任务的设计，实现条生成词的分类任务、内容的自动回归（生成部分）。

5.3.2.6 基于 LangChain + ChatGLM-6B 的本地知识库问答

1. ChatGLM2-6B

ChatGLM2-6B 是开源中英双语对话模型 ChatGLM-6B 的第二代版本，保留初代模型对话流畅、部署门槛较低等众多优秀特性外，还具有如下新特性：

（1）更强大的性能：全面升级了 ChatGLM-6B 的基座模型。ChatGLM2-6B 使用了 GLM 的混合目标函数，以及 1.4T 中英标识符的预训练与人类偏好的对齐训练，相比于初代模型，ChatGLM2-6B 在 MMLU、CEval、GSM8K、BBH 等数据集上的性能取得了大幅度的提升，在同尺寸开源模型中具有较强的竞争力。

（2）更长的上下文：基于 Flash Attention 技术，将基座模型的上下文长度（Context Length）由 ChatGLM-6B 的 2K 扩展到了 32K，并在对话阶段使用 8K 的上下文长度训练，ChatGLM2-6B 模型能获取更长的上下文。Long Bench 的测评结果表明，在等量级的开源模型中，ChatGLM2-6B 有着较为明显的竞争优势。

（3）更高效的推理：基于 Multi-Query Attention 技术，ChatGLM2-6B 有更高效的推理速度和更低的显存占用，在官方的模型实现下，推理速度相比初代提升了 42%，INT4 量化下，6G 显存支持的对话长度由 1K 提升到了 8K。

2 .LangChain-LLM

LangChain[86]作为一个面向大模型的"管理框架"，具有将语言模型连接到其他数据源的数据感知能力和允许语言模型与其环境交互的代理能力，主要通过以下的核心组件来实现：

提示（prompts）：包括提示管理、提示优化和提示序列化。

内存（memory）：内存是在链/代理调用之间保持状态的概念。LangChain 提供了一个标准的内存接口、一组内存实现及使用内存的链/代理示例。

索引（indexes）：与您自己的文本数据结合使用时，语言模型往往更加强大——此模块涵盖了执行此操作的最佳实践。

链（chains）：链不仅仅是单个 LLM 调用，还包括一系列调用（无论是调用 LLM 还是不同的实用工具）。LangChain 提供了一种标准的链接口、许多与其他工具的集成。LangChain 提供了用于常见应用程序的端到端的链调用。

代理（agents）：代理涉及 LLM 做出行动决策、执行该行动、查看一个观察结果，并重复该过程直到完成。LangChain 提供了一个标准的代理接口，一系列可供选择的代理，以及端到端代理的示例。

基于 LangChain 与 LLM 结合，构建 Langchain-LLM[86]模型，实现对中文场景与开源模型支持友好、可离线运行的本地知识库问答系统，其实现原理如图 5-41 所示，过程包括加载文件→读取文本→文本分割→文本向量化→问句向量化→在文本向量中匹配出与问句向量最相似的 top k 个→匹配出的文本作为上下文和问题一起添加到 prompt 中→提交给 LLM 生成回答。

第一阶段：加载文件-读取文件-文本分割（Text splitter），加载文件将读取存储在本地的知识库文件，将其转化为文本格式，并按照一定的规则（例如段落、句子、词语等）将文本分割。

第二阶段：文本向量化（Embedding）-存储到向量数据库。文本向量化（Embedding）通常涉及到 NLP 的特征抽取，可以通过诸如 TF-IDF、word2vec、BERT 等方法将分割好的文本转化为数值向量。文本向量化之后存储到数据库 Vectorstore（FAISS，下一节会详细说明 FAISS）。

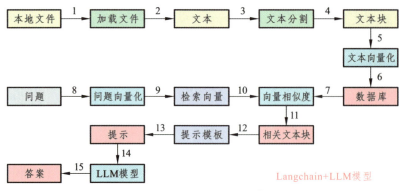

图 5-41　LangChain+LLM 流程图

第三阶段：问句向量化将用户的查询或问题转化为向量，应使用与文本向量化相同的方法，以便在相同的空间中进行比较。

第四阶段：在文本向量中匹配出与问句向量最相似的 top k 个文本向量。这一步是信息检索的核心，通过计算余弦相似度、欧氏距离等方式，找出与问句向量最接近的文本向量。

第五阶段：匹配出的文本作为上下文和问题一起添加到 prompt 中，利用匹配出的文本来形成与问题相关的上下文，用于输入给语言模型。

第六阶段：提交给 LLM 生成回答，最后，将这个问题和上下文一起提交给语言模型（例如 GLM 系列），生成回答。

LangChain+LLM 的组合方式特别适合一些垂直领域或大型集团企业搭建企业内部的私有问答系统，其从文档处理角度来看，实现流程如下（图 5-42）：

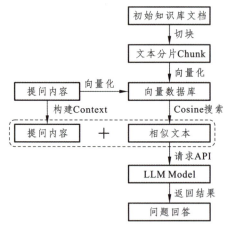

图 5-42　LangChain+LLM 的实现流程

5.3.3　融合知识图谱和 LangChain + ChatGLM-6B 的输变电设备知识问答系统

输变电设备知识问答[87]融合了知识图谱和大语言模型的人工智能技术，整合了工程、技术和运维领域的专业信息，为工程师、运维人员和其他相关专业人士提供有关输电和变电设备的广泛知识查询和问题解答，提供基于知识图谱的单节点查询、基于自然语言 LangChain + ChatGLM-6B 查询以及混合知识图谱和 LangChain + ChatGLM-6B 查询的三种方式，具备以下特点：

（1）知识涵盖全面：系统涵盖了输变电设备的各个方面，包括设备类型、功能、工作原理、技术规范、维护方法等。用户可以从系统中获取多方位的信息。

（2）智能问答功能：基于自然语言处理、机器学习和知识图谱技术，系统能够理解用户提出的问题，并从庞大的专业知识库、图谱中迅速检索并提供准确的答案或解决方案。

（3）持续更新和维护：知识库和知识图谱会不断更新，以跟进行业的新发展、技术更新和最佳实践，确保系统提供的信息始终准确可靠。

1. 基于知识图谱的单节点查询

在知识图谱查询页面的查询框中，选择你所要查询的实体类，即节点，然后在下拉框中输入所需要的查询条件，点击"搜索"进行查询，或者通过自然语言处理，像流行的各大搜索引擎，实现模糊查询，并以三维可视化的界面呈现，点击各个节点就可以展现详细信息，在旁边的知识卡片中提供了不同的探索功能，方便进行数据的查看及溯源。

单节点查询主要基于知识图谱，如图 5-43 所示，在知识图谱查询页面的查询框中，选择你所要查询的实体类，即节点，然后在下拉框中输入所需要的查询条件，点击"搜索"进行查询，实现对知识的精准查询，查询结果可以以二维或三维可视化的界面呈现，点击各个节点就可以展现详细信息，在旁边的知识卡片中提供了不同的探索功能，方便进行数据的查看及溯源。

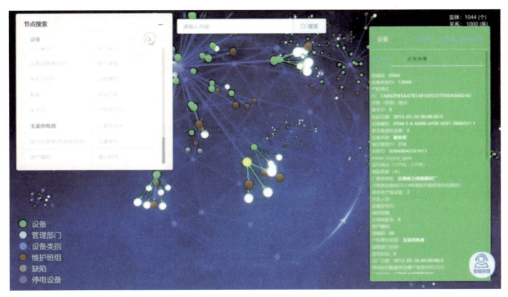

图 5-43　知识图谱单节点查询示意图

点击查询结果，则以二维表的形式展示出详细的结果，如图 5-44 示例。

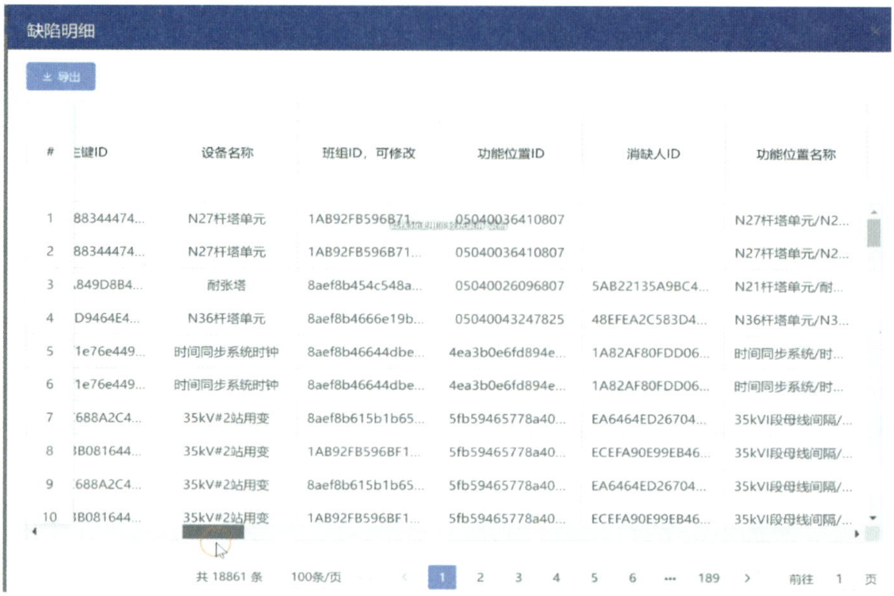
缺陷明细

导出

#	主键ID	设备名称	班组ID，可修改	功能位置ID	消缺人ID	功能位置名称
1	88344474...	N27杆塔单元	1AB92FB596B71...	05040036410807		N27杆塔单元/N2...
2	88344474...	N27杆塔单元	1AB92FB596B71...	05040036410807		N27杆塔单元/N2...
3	.849D8B4...	耐张塔	8aef8b454c548a...	05040026096807	5AB22135A9BC4...	N21杆塔单元/耐...
4	D9464E4...	N36杆塔单元	8aef8b4666e19b...	05040043247825	48EFEA2C583D4...	N36杆塔单元/N3...
5	1e76e449...	时间同步系统时钟	8aef8b46644dbe...	4ea3b0e6fd894e...	1A82AF80FDD06...	时间同步系统/时...
6	1e76e449...	时间同步系统时钟	8aef8b46644dbe...	4ea3b0e6fd894e...	1A82AF80FDD06...	时间同步系统/时...
7	688A2C4...	35kV#2站用变	8aef8b615b1b65...	5fb59465778a40...	EA6464ED26704...	35kVI段母线间隔/...
8	B081644...	35kV#2站用变	1AB92FB596BF1...	5fb59465778a40...	ECEFA90E99EB46...	35kVI段母线间隔/...
9	688A2C4...	35kV#2站用变	8aef8b615b1b65...	5fb59465778a40...	EA6464ED26704...	35kVI段母线间隔/...
10	B081644...	35kV#2站用变	1AB92FB596BF1...	5fb59465778a40...	ECEFA90E99EB46...	35kVI段母线间隔/...

共 18861 条　100条/页　1 2 3 4 5 6 … 189　前往 1 页

图 5-44　查询结果二维表示例图

2. 基于自然语言的知识问答

在输变电设备领域，知识库问答系统的知识来源可以更加具体化：

（1）设备制造商资料：输变电设备由各种制造商生产，这些制造商通常会提供详细的产品手册、技术规范、安装说明和维护手册。这些资料包含了设备的规格、工作原理、故障排除和维护建议等重要信息。

（2）行业标准和规范：输变电设备有许多行业标准和规范规程文件，这些标准规定了设备设计、安装和运行的要求。这些信息是系统知识库的重要组成部分，确保设备在合规性和安全性方面符合要求。

（3）工程实践和案例经验：工程师和技术人员在实际项目中积累了丰富的经验和案例。这些经验可以是特定问题的解决方案、故障诊断方法、设备优化建议等，对知识库的完善和实用性至关重要。

（4）最新技术和创新：输变电领域不断涌现新技术和创新，如智能监控、数字化设备等。从最新的研究成果、技术展望和行业趋势中获取信息，可以使知识库保持更新和前瞻。

（5）用户反馈和问题解答：收集用户反馈、问题和需求，并据此不断扩充、修订知识库内容。用户提出的问题和系统的回答也可以作为知识库的一部分。在实际中，输变电设备知识问答系统运用的例子：ChatGLM 规程问答模型服务。

图 5-45 是 ChatGLM 知识问答系统的初始界面，可以对问答系统进行提问，问答系统会相应的在知识图谱中寻找所提问题的答案，然后输出给用户，知识问答系统也会根据提问发现新的知识补充“自己”，进行自我优化。该系统功能大致分为：构建知识库、知识库问答。

图 5-45　ChatGLM 规程问答模型初始界面

（1）构建专业知识库。

点击知识库管理，进入知识库管理页面，分为新增知识库，删除知识库，新增知识库的文件，删除知识库的文件四个功能。如图 5-46 所示为新增知识库，该系统支持多种 Embedding 模型，这里模型采用 m3e-base，输入新建知识库名称（这里以 kb2 为例），同时可以为知识库写入简介，例如：变压器知识库、断路器知识库等，细分各种不同设备知识库能避免回答知识重复和设备混淆，能帮助工作人员准确快速获得想要的答案。

图 5-46　新建知识库

构建知识库后，对该知识库（kb2）添加专业文件，例如：电力规程、管理规程、指导书等电力专业领域文件，其中文件格式支持 CSV、JSON、PDF、Word 等多种常见文件格式。如图 5-47 和图 5-48 所示。

图 5-47　上传知识库文件

图 5-48　选择专业文件

（2）知识库问答。

知识库问答包含一系列配置如图 5-49 所示：包含了选择对话模式、选择知识库等功能。

图 5-49　知识库问答选择页面

知识问答系统中会包含多种知识库，知识库的作用：

（1）对同一问题会有多种不同的解答；

（2）每一个知识库会有自己独有的知识点。

例如：变压器中性点接地开关操作原则是什么？

在知识库一中的答案是：

变压器中性点接地开关操作原则是：

（1）在 110 kV 及以上中性点直接接地系统中，交压器停、送电及经变压器向母线充电时，在操作前必须将中性点接地开关合上，操作完毕后按系统方式要求决定是否拉开；

（2）并列运行中的变压器中性点接地开关需从一台倒换至另一台运行变压器时，应先合上另一台变压器的中性点接地开关，再拉开原来的中性点接地开关；

在知识库二中的答案是：

根据已知信息，变压器中性点接地开关操作原则包括以下几点：

（1）在110 kV及以上中性点直接接地系统中，变压器停、送电及经变压器向母线充电时，操作前必须将中性点接地开关合上，操作完毕后按系统方式要求决定是否拉开。

（2）并列运行中的变压器中性点接地开关需从一台倒换至另一台运行变压器，应先合上另一台变压器的中性点接地开关，再拉开原来的中性点接地开关。

（3）如变压器中性点带消弧线圈运行，当变压器停电时，应先拉开隔离开关，再进行变压器操作，送电顺序与此相反。禁止变压器带中性点隔离开关送电或先停变压器后拉开中性点隔离开关。

（4）变高侧或变中侧开关分合闸单项操作，操作前后注意按调度要求及时调整主变对应侧中性点刀闸的接地方式，运行中220 kV变压器高、中侧开关切开时，切开关前将该侧的中性点直接接地，开关断开后，该侧中性点地刀必须继续保留。

接下来展示问题的问答：发电机升压操作时应注意什么？如图5-50为对问题作出回答，图5-51为回答问题的依据和出处。工作人员可以对问题答案进行源文件下载，点击文件链接即可下载需要的文档进行查看。

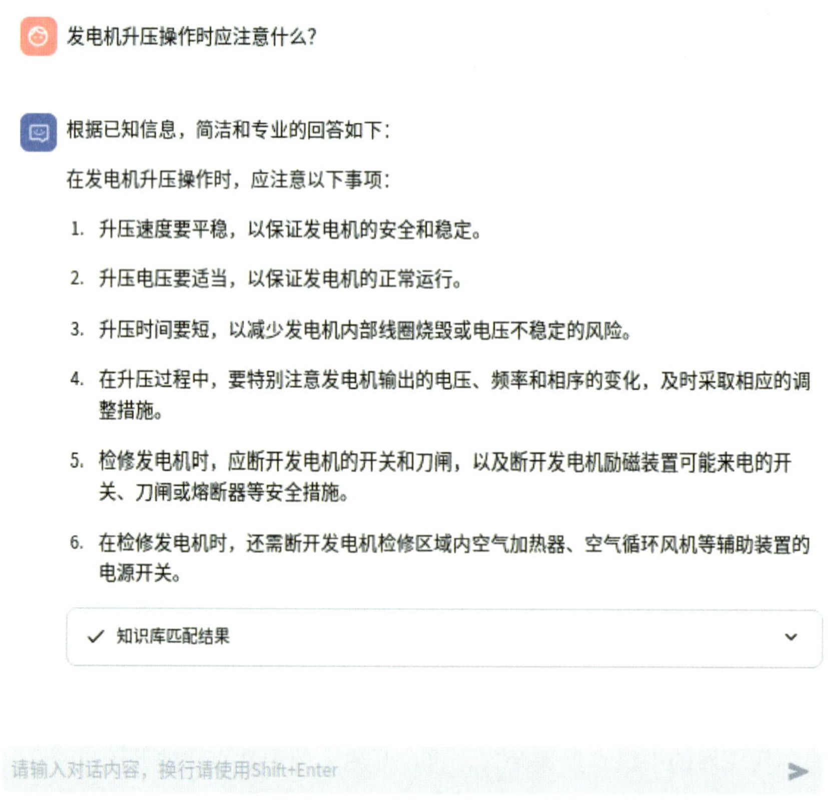

🔶 发电机升压操作时应注意什么？

💬 根据已知信息，简洁和专业的回答如下：

在发电机升压操作时，应注意以下事项：

1. 升压速度要平稳，以保证发电机的安全和稳定。

2. 升压电压要适当，以保证发电机的正常运行。

3. 升压时间要短，以减少发电机内部线圈烧毁或电压不稳定的风险。

4. 在升压过程中，要特别注意发电机输出的电压、频率和相序的变化，及时采取相应的调整措施。

5. 检修发电机时，应断开发电机的开关和刀闸，以及断开发电机励磁装置可能来电的开关、刀闸或熔断器等安全措施。

6. 在检修发电机时，还需断开发电机检修区域内空气加热器、空气循环风机等辅助装置的电源开关。

✓ 知识库匹配结果 ⌄

请输入对话内容，换行请使用Shift+Enter ➤

图 5-50　知识库问答

6. 在检修发电机时，还需断开发电机检修区域内空气加热器、空气循环风机等辅助装置的电源开关。

✓ 知识库匹配结果　　　　　　　　　　　　　　　　　　　　　　　　　　^

出处 [1] 《中国南方电网有限责任公司电力安全工作规程第1部分：发电厂和变电站部分》-13、发电设备作业.docx

检修设备或区域内留存的介质符合下列情况时，应开启阀门将其泄压或排空：检修设备内介质带有压力时应泄压；作业人员需进入介质所在区域时应排空；检修过程中可能导致介质泄漏将影响作业环境时应排空。加锁、悬挂标志牌和装设遮栏：断开的电源开关应加锁，并悬挂"禁止合闸，有人工作！"标志牌；关闭的阀门应加锁并悬挂"禁止操作，有人工作！"标志牌；在作业地点、区域或运行设备周围装设遮栏；在作业地点、区域处悬挂"在此工作！"标志牌，并根据作业地点、区域存在的危害，悬挂对应的标志牌。发电机与电动机检修、维护检修发电机应做好以下安全措施：

出处 [2] 中国南方电网有限责任公司电力安全工作规程第1部分：发电厂和变电站部分》13发电设备作业.docx

检修设备或区域内留存的介质符合下列情况时，应开启阀门将其泄压或排空：检修设备内介质带有压力时应泄压；作业人员需进入介质所在区域时应排空；检修过程中可能导致介质泄漏将影响作业环境时应排空。加锁、悬挂标志牌和装设遮栏：断开的电源开关应加锁，并悬挂"禁止合闸，有人工作！"标志牌；关闭的阀门应加锁并悬挂"禁止操作，有人工作！"标志牌；在作业地点、区域或运行设备周围装设遮栏；在作业地点、区域处悬挂"在此工作！"标志牌，并根据作业地点、区域存在的危害，悬挂对应的标志牌。发电机与电动机检修、维护检修发电机应做好以下安全措施：

出处 [3] 《中国南方电网有限责任公司电力安全工作规程第1部分：发电厂和变电站部分》-13、发电设备作业.docx

图 5-51　知识库匹配结果

3. 融合知识图谱和自然语言的问答

LLM 对话不同于知识库问答，它是基于 ChatGLM 原始预训练模型，所覆盖的知识面非常广，能应对各种用户对话主题，但在专业性领域较知识库问答较差，但其可以为知识库问答作为补充，更全方位地为使用人员提供帮助。对回答同一问题：发电机升压操作时应注意什么？如图 5-52 所示。在混合查询模式下，通过 Neo4j 的向量索引和图数据库的强大能力来实现检索增强的生成系统，提供精确且上下文丰富的答案。其流程如下：

（1）通过向量相似性搜索来检索非结构化信息；

（2）借助 ChatGLM-6B 从用户输入的问题生成 Cypher 查询，然后在 Neo4j 图形数据库执行查询，得到基于图数据库的知识图谱的信息，并根据查询结果提供答案；

（3）最后，将检索到的两部分信息传递给大语言模型 ChatGLM-6B，并生成更精确的回答文本。

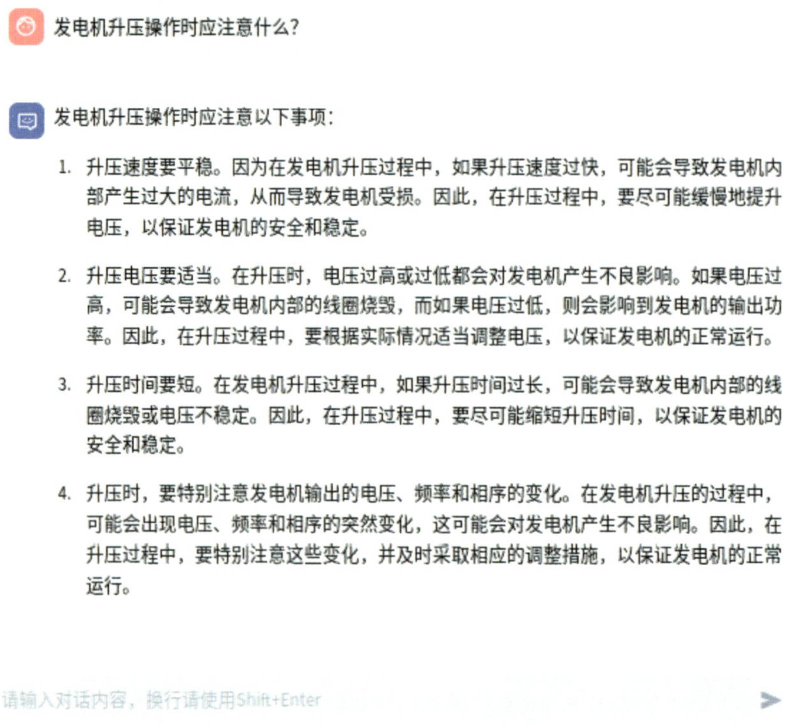

发电机升压操作时应注意什么？

发电机升压操作时应注意以下事项：

1. 升压速度要平稳。因为在发电机升压过程中，如果升压速度过快，可能会导致发电机内部产生过大的电流，从而导致发电机受损。因此，在升压过程中，要尽可能缓慢地提升电压，以保证发电机的安全和稳定。

2. 升压电压要适当。在升压时，电压过高或过低都会对发电机产生不良影响。如果电压过高，可能会导致发电机内部的线圈烧毁，而如果电压过低，则会影响到发电机的输出功率。因此，在升压过程中，要根据实际情况适当调整电压，以保证发电机的正常运行。

3. 升压时间要短。在发电机升压过程中，如果升压时间过长，可能会导致发电机内部的线圈烧毁或电压不稳定。因此，在升压过程中，要尽可能缩短升压时间，以保证发电机的安全和稳定。

4. 升压时，要特别注意发电机输出的电压、频率和相序的变化。在发电机升压的过程中，可能会出现电压、频率和相序的突然变化，这可能会对发电机产生不良影响。因此，在升压过程中，要特别注意这些变化，并及时采取相应的调整措施，以保证发电机的正常运行。

请输入对话内容，换行请使用Shift+Enter

图 5-52　混合查询过程对话

综合利用以上信息源，结合知识库、实践经验和行业标准，构建一个专业的知识库问答系统，可以为输变电设备领域的工程师、技术人员和相关人士提供全面、可靠的信息支持。

5.4　本章小结

经过对知识图谱在输变电设备运维和状态评估的实践案例的分析和探讨，可以发现：

（1）知识图谱在输变电设备运维中具有广泛的应用前景。知识图谱通过构建设备知识图谱，能够将复杂的设备信息以可视化的方式呈现出来，使得运维人员能够更直观地了解设备的状态和运行情况，从而提高了运维效率和质量。

（2）知识图谱的应用能够为输变电设备运维提供全面的数据支持。知识图谱通过对设备信息的收集、整理和建模，能够建立起全面的设备知识库，为运维人员提供了全面的数据支持，帮助他们更好地了解设备的状态和运行情况，进而提高运维效率和质量。

（3）知识图谱的应用能够为输变电设备运维提供更加智能化的解决方案。知识图谱可以通过自然语言处理和机器学习技术，对设备故障进行预测和预警，为运维人员提供更加智能化的解决方案，帮助他们更好地应对各种突发情况，提高了设备运维的智能化水平。

总之，知识图谱在输变电设备运维中具有广泛的应用前景，能够帮助运维人员更好地了解设备的状态和运行情况，提高运维效率和质量，并为设备运维提供更加智能化的解决方案。因此，我们建议在实际应用中加强知识图谱的应用和推广，进一步推动输变电设备运维的智能化发展。

随着科技的发展，知识图谱作为一种先进的人工智能技术，正在被广泛应用于各个领域。在输变电设备运维领域，知识图谱的应用前景广阔，可实现以下功能：

（1）提高设备诊断的准确性和效率：输变电设备运维中，设备诊断是重要的环节。知识图谱的应用，可以大幅提高设备诊断的准确性和效率。通过收集和分析设备运行数据、历史故障记录等数据，知识图谱能够建立设备的全面知识库，为设备诊断提供有力的数据支持。同时，知识图谱能够将设备之间的关联关系可视化，帮助运维人员更好地理解设备的运行状态，提高诊断的准确性。

（2）实现智能预警和智能决策：知识图谱可以结合人工智能和大数据技术，实现输变电设备的智能预警和智能决策。通过对设备运行数据的深度学习和分析，知识图谱能够预测设备的故障风险，提前预警，减少故障发生的风险。同时，知识图谱能够根据设备状态和环境因素，智能推荐最佳的维护策略和检修方案，提高运维效率。

（3）优化设备运维流程：知识图谱能够将输变电设备运维流程进行优化。通过将设备信息、人员信息、维护计划等信息整合到知识图谱中，知识图谱能够实现设备运维的智能化管理，提高运维效率。同时，知识图谱能够提供实时的设备运行状态和预警信息，帮助运维人员更好地掌握设备状况，做出及时的维护决策。

（4）拓展应用领域：随着技术的不断进步，知识图谱在输变电设备运维中的应用领域也将不断拓展。未来，知识图谱不仅可以在输变电设备运维中发挥作用，还可以应用于电力市场的分析和预测、能源优化管理、新能源开发等多个领域。通过整合更多的数据，知识图谱将为这些领域提供更全面、更准确的信息支持。

（5）加强数据安全和隐私保护：在应用知识图谱的过程中，数据安全和隐私保护是一个不可忽视的问题。未来，我们需要加强数据安全和隐私保护措施，确保数据不被泄露或滥用。这包括加强数据加密技术、访问控制机制、数据备份和恢复等措施，确保数据的安全性和可靠性。

总之，知识图谱在输变电设备运维中具有广阔的应用前景。通过提高设备诊断的准确性和效率、实现智能预警和智能决策、优化设备运维流程以及拓展应用领域，知识图谱将为输变电设备运维带来革命性的变化。同时，我们也需要加强数据安全和隐私保护措施，确保数据的安全性和可靠性。

第6章 输变电设备知识图谱未来发展

本书主要介绍了变电设备的知识图谱及知识管理，首先介绍了输变电设备和知识图谱的相关概念，随后对输变电设备知识图谱的构建和应用进行详细介绍，最后利用案例分析的方法，说明该技术的现实意义。本书主要内容可以总结为如下几个方面：

输变电设备和知识图谱的相关概念。分别介绍了输电线路、电力变压器、开关设备、绝缘子、保护装置和其他输变电设备，并对其工作原理进行详细描述。其次对知识图谱的基本概念和构建方法做出说明，是全书的理论基础。

输变电设备知识图谱的构建和应用。介绍了输变电设备全生命周期数据的内涵和管理内容，阐述其数据特征的提取方法、数据字典构建方法和知识图谱构建技术。并从输变电设备健康监测、故障诊断与预测、维护和管理、知识问答和管理决策五个方面对知识图谱在输变电设备中的应用方法进行介绍。

案例分析。从输变电设备柔性定制化分析、知识图谱在输变电设备运维中的应用和知识图谱在输变电设备状态评估中的应用三个方面采用案例分析来说明知识图谱能够推动电力系统更加持续、智能和可靠发展，能提高设备诊断的准确性和效率、实现智能预警和智能决策、优化设备运维流程，同时能为设备状态评估提供更高效、精确和可靠的解决方案。

总之，知识图谱及知识管理对于输变电设备的维护、管理和运行具有重要的意义，能够提升工作效率、促进技术创新、降低风险、提升服务质量，对输变电设备的安全稳定运行起到重要的支持作用，知识图谱在电力系统中的应用具有光明前景。

6.1 输变电设备知识图谱的未来前景

6.1.1 输变电设备研究现状

输变电设备是电力系统的重要组成部分，保障输变电设备运行安全对提高电力系统稳定具有极其重要的意义。准确评估输变电设备运行状态，及时发现输变电设备潜在故障，合理采取运维措施是保障输变电设备安全运行的重要基础。

不同于传统的定期离线检测，输变电设备状态评估可利用包括历史数据、离线数据、在线数据等海量信息，通过提取并分析关键特征参量变化规律，实现异常状态预警、潜伏故障辨识、运行态势预测、运维策略生成等多种功能，最终达到输变电设备健康态势全面化、实时化、精细化的评估与预测，从而有效提高输变电设备的运行可靠性。因此，切实提高输变电设备状态评估水平，是保障输变电设备运行安全的重要措施。为此，国内外研究机构针对输变电设备的状态评估方法进行了大量的研究工作，并取得了丰富的研究成果，主要包括：一是基于阈值或专家经验的评估方法。该类方法基于基础实验和运行经验确定状态水平阈值，并结合专家经验完成状态评估，典型方法为油中溶解气体三比值法。该类方法逻辑简单，便于操作，但阈值设置过于绝对，难以满足现场复杂运行环境需求。二是面向数据的基于机器学习的方法。该类方法通过挖掘数据特征、建立不同状态的边界空间，进而实现状态评估，典型方法包括模糊综合评判法、支持向量机法、粗糙集法、神经网络法等。该类方法避免了传统阈值方法阈值设置过于绝对的缺点，但却多是基于有限的状态变量，现场效果仍难以令人满意，存在着较高的误报率和漏报率。

随着电力系统规模不断扩大，输变电设备体量也不断增多，与设备状态评估相关的参量已呈现体量大、类型多、增长快等特征。为进一步提高输变电设备状态评估效果，需充分利用数据红利、挖掘潜在特征、实现智能评估。

输变电设备（如发电机、变压器、继电保护装置等）状态评估（如风电机组状态预测、变压器剩余寿命、输电线路状态监测等）对保障电力系统安全稳定运行有着重要的理论意义。随着智能电网体系的不断完善，输变电设备的类型、数量、工况复杂性大幅增加。已有研究将计算机领域中近年来广泛应用的知识图谱（Knowledge Graph）技术引入电力系统领域。

6.1.2　输变电设备技术发展趋势

虽然智能电网的观点在很多年前就已经提出，并且在某些细节上也在不断落实和完善，但是对于输变电领域来说，智能化并没有完全实现。而想要有效地实现智能化，首先应当厘清这一概念，避免出现理解上的偏差，才是保证未来发展方向的根基所在。

从整体发展的趋势看，智能化是以信息化和自动化作为基础而展开的深入发展。只有对这三个方面的特征有所深入理解，才能落实智能化而不会出现偏差。

6.1.3　输变电设备知识图谱热点及特性分析

知识图谱在输变电设备领域的应用是将相关实体、属性和关系组织成一个结构化的网络，以提升智能化和效率。在输变电设备知识图谱中，实体代表具体的设备，例如变压器、断路器等，属性描述了这些设备的特征，如额定电压、额定电流等。关系是知识图谱的核心，它连接了不同设备之间以及设备与属性之间的语义关联，使得各个设备之间可以进行交互和互联。构建输变电设备知识图谱的技术主要包括知识抽取、知识融合、知识表示、知识验证和知识推理。知识抽取是指从文本、专家知识等多种数据源中提取与输变电设备相关的信息。知识融合将来自不同来源的知识整合成一致的图谱。知识表示是将设备和属性用机器可理解的方式进行表示和映射。知识验证确保图谱的准确性和一致性，而知识推理则利用图谱中的关系进行推理和推断，提供更加智能化的功能和应用。

知识抽取在构建输变电设备知识图谱中起着重要作用。它从海量的半结构化和非结构化数据中提取实体、属性和关系等信息，直接影响知识图谱的质量。知识抽取技术主要包括无监督的基于规则与词典的方法，以及有监督的基于统计机器学习和深度学习的方法。在构建输变电设备知识图谱的过程中，由于数据来自多个来源，存在名称多样性问题，容易导致实体的歧义。为了融合不同来源的数据，提高知识图谱的规模和质量，知识融合技术应运而生。知识融合技术通过实体消歧、指代消解等方法，将不同来源的知识进行整合。知识表示是对输变电设备知识和数据进行抽象建模的过程，常用的方法包括资源描述框架（RDF）、基于深度学习的神经张量模型、矩阵分解模型和单层神经网络模型等。知识表示技术能够高效地计算实体、关系和它们之间的复杂语义关联，对知识库的构建、推理、融合和应用都非常重要。知识验证的目的是确保正确的知识被放入输变电设备知识图谱中，以提高其质量。马尔科夫逻辑网络模型是常用的方法，它通过概率软逻辑机制进行知识质量评估。知识推理是在构建的知识图谱基础上进一步挖掘隐含的知识，丰富和扩展知识图谱。基于逻辑的推理方法和基于图的推理方法是主要的知识推理方法。其中，基于图的推理方法利用关系路径中蕴涵的信息，通过分析图中两个实体之间的多步路径来推测它们之间的语义关系。

输变电设备知识图谱作为一种智能高效的知识组织方法，在学术界和工业界越来越受重视。除了通用知识图谱如 DBpedia、YAGO、Freebase、XLORE 和 Zhishi.me 等，还有针对特定行业的领域知识图谱应用。针对输变电设备领域的知识图谱整合了相关的数据和信息，旨在提供全面而准确的关于输变电设备的知识。这些信息可能包括设备的技术参数、操作规范、维护记录等。通过构建输变电设备知识图谱，可以实现对设备知识的智能化组织和理解，从而提升设备的管理和维护效率。这种应用还可以帮助用户更好地了解设备，提供更好的决策支持。输变电设备知识图谱的发展在实际中具有重要的意义，为相关领域的研究和应用带来了新的机遇和挑战。

6.1.4 数据整合与智能分析

当前阶段我国的输变电体系已经基本实现了信息化和自动化，正在智能化初期阶段磨砺和提升。在输变电系统中，其核心技术并不仅仅局限于智能化领域，信息化以及自动化技术作为实现智能化的重要基础同样不容忽视。我国输变电智能化体系的关键技术主要有如下几类。

1. 在线监测技术

本质上看，在线监测技术是输变电系统信息化领域的核心技术。在线监测技术会与通信技术一同来实现对于输变电设备工作状态的获取。这个环节的技术重点在于两个方面，其一为成熟的电力通信网络，其二则是类似于物联网的前端，主要负责数据的获取。这一类技术目前的主要发展方向是将负责数据采集的环节压合在一次设备中，形成对应的数字化一次设备。这同样也是未来在线监测技术发展的主要方向。

2. 生命周期与大数据技术

相对于在线监测技术，生命周期、大数据技术与输变电设备智能化之间的关系更为密切。这两个方面的技术直接构成智能化的根基，没有生命周期观念和大数据技术的支持，输变电设备智能化就无从实现。

从技术实现的角度看，生命周期和大数据技术二者都注重数据体系的构建，这一点与上面提到的在线监测技术有着本质的不同。在线监测技术只能实现对于数据的采集，也就是说，能够为输变电设备的数字化提供基本依据，但是不能保证这些采集到的数据具有实践价值。而输变电设备的生命周期和大数据技术，则是直接指向构建结构化的数据体系群落，是推进数据体系本身实现其价值的，是帮助发现数据群落内部、数据之间内在联系的技术。生命周期的本质，在于直接面向输变电体系中的诸多设备来展开数据的采集。数据框架的建立与相关设备自身的生命周期保持同步。虽然现阶段大数据技术仍然处于发展之中，不够成熟，针对性也偏弱，但是整体而言，其在未来工作中的价值不容否定。

3. 智能变电站技术

变电站是输变电体系中的一个特殊环节，是为存放输变电设备而设立的专用场所，作为输变电体系中的重要枢纽而存在。对变电站展开全面的智能化，可以说是关系到输变电系统方方面面实现智能化的重要保障。

智能变电站典型结构自下而上分别为过程层设备、间隔层设备以及站控层设备，其中过程层设备包括合并单元和智能终端两类。从智能化的角度看，间隔层关注的其实是基本的智能化工作，类似于自动化的实现；而站控层则面向更为全面的变电站智能化服务，诸如大数据系统等，都安装在这一层。

对合并单元进一步展开分析，从上文的描述中可以看到，合并单元是对一次设备相关数据进行采集和传输的装置，而智能终端则是整合了数字端口的一次设备中的数字部分。可以说，智能终端本身与合并单元保持了同样的职能，区别只在于智能终端的相应功能压缩进了一次设备体系内部。

6.1.5　输变电知识图谱适用性分析

电力工业的输变电环节是电力系统中至关重要的部分，也是产生大量数据的关键环节。在输变电过程中，各种开关信号量、电压、电流、功率、变压器油温等基础信息需要实时监控和记录，数据刷新频率可达至少 1 秒/次。此外，电力公司在运行和管理过程中还会产生大量与输变电相关的人才物资、电力市场信息、资本运作、协同办公等数据。

输变电设备作为电力系统的重要组成部分，涉及到发电、输电、变电、配电等环节。

通过传输和分配电能，这些环节都会产生大量的数据，包括开关信号量、电压、电流、功率、变压器油温等基础信息。此外，关于输变电设备的技术规范、操作手册、维护记录等文本资料也是重要的知识资源。

由于电力信息化的深入发展，输变电设备数据的增长速度前所未有，并且数据来源多样，结构各异。除了结构化的数据格式外，很大一部分数据以文本、音频、视频等非结构化形式存在。这些数据形成了庞大、零散、多源、异构、多维、多形式的知识资源。

知识图谱作为一种智能高效的知识组织方法，在通用领域以及特定领域已有广泛应用。许多领域如金融、医疗、地理都在构建知识图谱，并取得了显著进展。由于输变电设备数据存在规模庞大、来源多样、结构不一致等特点，许多知识图谱的应用思想和方法可以延伸到输变电设备领域。

构建输变电设备领域的知识图谱能够有效地处理和组织这些零散分布且结构多样的数据。它可以实现数据的一处录入，全网使用，保证信息的真实性、一致性和完整性，进而实现全国电网建设目标。通过建立输变电设备知识图谱，可以分析提取该领域的技术术语，并分析不同设备间的关联关系，为电力行业提供更好的决策支持和知识管理。

综上所述，构建电力领域知识图谱可以有效处理和组织分散、多样化的输变电数据，确保电力系统数据的真实性、一致性和完整性，为实现国家"SG186工程"将全国电网建成"一体化企业级信息集成平台"的目标提供保障。

6.1.6 输变电设备管理对知识图谱技术的需求

输变电设备知识图谱的基本内涵是利用新一代信息通信技术，将输变电设备、电网企业及其设备、设备供应商及其设备等进行有机连接，通过信息广泛交互和充分共享，以数字化管理手段提升输变电设备的效率、安全性和可靠性。建立输变电设备知识图谱的一项关键工作是推进"电网一张图"业务，其本质是将输变电系统中的各个子系统通过融合方式形成图形拓扑结构，这对于实现输变电系统的数字化转型至关重要。此外，输变电系统中的输电线路、变电站等各类电力设备自然形成了物理拓扑结构，为电网一张图的构建提供了基础。然而，目前电网一张图的建设仍处于初步阶段，由于数据和构建方法的限制，完整建立大规模的图结构仍然较为困难，因此可以首先在单独领域开展试点工作，然后将各个离散图进行融合。

建立输变电设备知识图谱可以有效感知输变电设备的工况和性能，但这一过程中需要解决数据与知识的融合问题。长期以来，大数据融合主要侧重于统一访问多源数据，但在数据结构上较为松散，缺乏对知识的深入理解，无法解释数据背后的含义。因此，数据融合应与知识理解同时进行，尽可能建立机理模型，发现数据之间的关联关系。

6.1.7 输变电设备管理的多知识图谱融合

一般情况下，为了契合各业务场景的需要，构建图谱时会为每个业务方单独开发知识图谱，方便与业务方共同管理数据。然而，随着业务及管理层级的深入，就会发现单个业务知识图谱因为规模较小，在文本语义理解类任务上非常受限，此时就需要将多个知识图谱进行融合，打通知识边界。例如，针对某电力设备可以构建其知识图谱，针对电力设备的某类故障也可以构建其知识图谱。由于不同的知识图谱信息来源不同，其知识描述体系也是不同的，多知识图谱融合不是简单地把知识图谱合并，而是要发现图谱中的等价实例，如何对知识图谱进行融合表示，对于建立统一的大规模知识图谱意义重大。

多知识图谱融合后的输变电设备知识图谱，在知识跨度上囊括了设备出厂、投运、检修、报废等环节的知识，对上层应用的支撑效果更好，进行知识推理能获得更多潜在知识，明晰数据之间的联系，为健康管理工作提供新的思路，让传统的运维巡检方式由感知变为认知。

6.1.8　促进输变电设备管理数字化转型

电力系统数字化转型方兴未艾，传感技术、通信技术、智能电力装备以及电力系统集成化、智能化技术快速发展，为电网可观性、可控性以及智能化的提升带来巨大机遇。输变电设备管理作为电力系统中的关键一环，保障着设备安全和用电安全，在能源转型与碳中和背景下，借助知识图谱技术促进电力设备管理数字化转型迫在眉睫。

在数字化转型过程中，"数据先行"是基础工作，通过挖掘企业所积累的数据中的价值，可以改变传统的业务架构。举例来说，有学者认为数字化转型的共性变化可以归结为技术、价值、结构和财务方面的变化。在电力设备健康管理的数字化转型中，同样需要引入新的技术，包括新型的传感技术和在线监测技术的更新迭代，以及更为有效的数据管理方法、电力设备状态评估算法和更智能的设备健康管理方案推荐算法。引入知识图谱技术可以满足数据和知识管理的需求，基于知识图谱的推荐算法也与智能运维的推荐场景相契合，使得基于经验的运维方式能够转变为以知识为导向的运维，提前发现设备运行风险，将事后维修转变为预防性维修。这种改变在评估结构上颠覆了传统模式，在增加了知识解释之后，能够更好地阐明数据和故障之间的因果关系，实现精准的定点、定向运维服务。

6.1.9　电力人工智能的可解释性

当前人工智能分为符号主义、连接主义、行为主义三大流派。符号主义的代表是知识图谱和专家系统，连接主义的代表是深度学习和人工神经网络，行为主义的代表是强化学习和机器人。符号主义拥有良好的解释性，而连接主义预测精度高但缺乏可解释性，行为主义不需要标注样本，可在复杂的环境中自行学习样本特征。在智能电网阶段，基于连接主义的人工智能方法在电力设备故障诊断、状态评估中获得了重要的应用，卷积神经网络、循环神经网络、生成对抗网络在各类电力设备故障诊断、故障预测、故障样本生成任务中取得了优异的表现，为健康管理工作提供了良好的算法模型支持。端到端的深度学习故障诊断和状态评估算法，接受大样本作为训练输入，所获得的模型本质上是神经网络结构的参数，而预测的过程则是参数计算的过程，计算和预测的过程不是透明的，过程缺乏可解释性。深度学习模型实质为黑箱模型，学习器对输入输出的映射往往不具可解释性，因而对电力系统生产实践的指导效果有限。而根据深度学习模型得到的结果在参与电力设备健康管理辅助决策时通常是缺乏证据支撑的，且不能给出合理的解释，导致电力系统从业人员对机器产生的结果无法全部相信，还需借助专家经验。因此，需要加强对电力人工智能可解释性的研究，增强其可信度和可解释性。

知识图谱技术的出现打破了上述僵局，知识图谱的可解释性在于它是一种语义网络结构，包含了丰富的实体、关系、属性、概念等信息，更符合人类逻辑思维，这便使得解释成为可能。

6.1.10　对未来发展的展望

1. 知识图谱赋能智能运维

电力设备智能运维强调两个方面：一是输变电设备本身具有智能性，二是针对输变电设备的运维管理方案具有智能性。输变电设备的智能性指的是通过在设备本体（或边缘侧）配置嵌入式传感器和人工智能模块，实现设备的智能感知、状态分析和健康管理，使其具备自主思维和智能功能。这样的设备可以进行本体信息的采集、就近计算和信息交互，实现智能化运行。

而运维管理方案的智能性体现在系统能够根据输变电设备当前运行状态和风险，提供最佳的巡检方案，将设备的风险降到最低。由于故障发生具有不确定性，传统的定期巡检难以应对突发情况。智能运维需要增加灵活性，以应对输变电设备故障的不确定性。在当前的电力设备健康管理中，传感设备的广泛应用缓解了数据瓶颈问题，然而，运维方案的生成和故障推理溯源仍然是一个需要深入研究的问题。知识图谱技术的引入可以有效解决智能运维方案的生成和故障推理溯源的问题。

2. 多学科交叉融合研究的新范式

构建输变电设备健康管理知识图谱是一个典型的多学科融合场景。这个过程不仅需要计算机技术的应用，从复杂的电力文本和语料中挖掘实体、关系和本体等关键组成部分，还需要电力系统领域的先验知识作为支撑。优质的数据和使用方法确定了知识图谱质量的下限，而对输变电设备的深入理解决定了知识图谱质量的上限。定义本体层和数据层的一致性对最终构建的知识图谱具有重要影响。所以，充分了解计算机知识和输变电设备知识能够使构建的知识图谱更具可靠性和鲁棒性。

输变电设备健康管理需要加强故障诊断方法、状态评估方法、故障机理、图谱构建方法、推理算法等的研究。完备的故障机理模型能够有效刻画现实物理模型，从设备机理出发，研究新型传感器获得能表征设备运行状态的关键数据，为故障诊断方法和评估方法提供理论支持。这需要电力系统领域的专业人员深入理解输变电设备的全生命周期。为了解决输变电数据分布不均的问题，可以使用小样本学习、生成对抗网络等方法在现有数据上学习特征或进行数据扩充，从而为知识图谱的构建提供方法上的支持，这也是研究的重点之一。

3. 未来发展方向

由于知识图谱技术具有良好的结构化知识表示方式和推理能力，近几年得到快速发展，并开始逐渐被引入电力系统调度、电网故障诊断、电力问答等领域，而在电力设备健康管理中还鲜有研究。在对电力设备进行状态评估、故障诊断、故障预测时，可在历史运维日志数据的基础上，构建电力设备健康管理知识图谱，可有效进行知识管理，并进一步采用数据 + 知识联合驱动的方法形成上层应用，可对数据驱动的黑箱模型进行解释，为辅助决策提供证据支撑，有助于理解电力设备故障机理，达到精准运维的目标。而在"电网一张图"、数字化转型等背景下，知识图谱的出现更是为"电力设备一张图"提供了良好的支撑。

随着知识图谱在电力设备健康管理工作中研究的深入，相信在未来会形成以知识为主体的"电力设备健康管理大脑"，赋予设备自我感知、自我认知的能力，更好地与业务场景相融合，最终提升电力设备健康管理的水平。

6.2　知识图谱应用在电力行业的挑战

6.2.1　知识图谱与电力行业

电力行业作为一个拥有庞大数据的复杂工程，正逐渐应用知识图谱来管理和整合信息。知识图谱在各个领域都受到欢迎，电力行业也不例外。针对电力系统故障处置领域的特点，构建适用于电力行业的知识图谱具有一定的挑战性。与主网发生故障的特点不同，电力行业中的配电网故障更为频繁且种类多样，同时设备分布也更为分散。由于电力行业配电网数据量较少且标注成本较高，传统的深度学习模型往往无法取得良好的效果。这使得在电力行业的配电网故障处置领域，知识图谱的建设仍处于初级阶段。

针对电力行业领域中复杂且缺失的安全法规实体关系数据，研究者们提出了一种基于深度残差学习方法和多级注意力机制的远程监控关系提取方法以解决该问题。还有研究致力于构建电力行业领域的同义词知识库，利用基于 Word2vec 距离计算的方法来匹配分析条目中的关键模式。尽管在电力行业中，构建配电网故障调度的知识图谱仍存在一些挑战，但研究者们正不断寻求新的方法和技术来推动知识图谱的发展。

6.2.2　知识图谱在电力行业故障处置中的应用

电力行业的研究人员提出了一些用于分析电网故障的系统，如故障录波系统和电能质量监测系统等。这些系统通过模拟大规模数据并记录、计算和分析，实现了对不同故障的分析功能。这些系统在处理电力文本语料方面存在一些不足，同时也导致了解释能力不强的结果。

而知识图谱在电力行业的配电网故障处置中具备一定的优势。配电网故障处置涉及到多元结构复杂的数据，知识图谱能够将这些数据转化为知识，从而高效挖掘文本数据，并在可解释性方面表现出良好的特点。通过构建电力行业的知识图谱，可以更好地对不同故障类型进行决策支持，提供高效的故障处置方案。

电力行业中的知识图谱在挖掘电力文本数据、提高可解释性以及支持故障决策方面具有重要价值，有助于改进故障处置效率，提升供电可靠性。

6.2.3　电力行业故障处置知识图谱的特点

电力行业中，配电网故障处置信息的电子化使得数据变得海量、复杂多样，包括结构化数据（如故障名称、故障时间、负荷点故障率）和非结构化信息（如故障处置要点、监测点配置方案）等。这些数据中包含大量的专有名词，甚至存在名词嵌套现象，实体界限也不清晰，这导致常规的自然语言处理技术难以直接处理。随着电力系统的快速发展，知识和信息呈现多模态特征，在电力行业中可以采用红外、紫外、设备外观图像等多种方式进行故障分类和诊断。

由于电力行业中的配电网故障处置知识图谱具有较好的知识表达能力，能够覆盖丰富的故障处置信息，并具备特定的应用场景，因此能够完整地表示故障处置知识。此外，构建的图谱在参与辅助决策时需要具备良好的知识表达能力，其粒度比一般知识图谱更细。

6.2.4　电力行业故障处置知识图谱构建分析

基于电力行业故障处置知识图谱从知识抽取、知识融合、知识加工、知识更新等方面展开论述，输变电设备故障知识图谱的构建如图 6-1 所示。

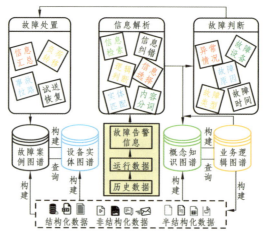

图 6-1　输变电设备故障处理的知识图谱构建

6.2.5　电力行业中配电网故障处置中的知识抽取

在电力行业中，目前主要使用基于规则的知识抽取技术来构建配电网故障处置知识图谱。这种方法主要依赖手工规则匹配和领域字典，但规则模板的泛化性较差，对于电力行业中复杂多变的实际应用灵活性不强。而配电网故障处置数据具有类型多样、组成复杂、界限模糊等特点，传统基于规则的方法效率低、针对性不强，需要面向电力行业进行专业的文本预处理和知识抽取模型，将知识抽取方法从基于人工和规则的方法转变为基于深度学习的智能化方法。

配电网故障处置数据中不仅包含预案等文本信息，还包括红外、紫外、图像等多模态数据。如果想要利用这些数据构建知识图谱，就需要对其进行意图理解，将识别出的意图与实体或关系相结合。通常使用自动化的抽取方法来进行意图理解，以便更好地处理这些多模态数据在电力行业知识图谱中的应用。

6.2.6　电力行业中的知识加工

在电力行业中，构建概念、业务逻辑和案例图谱是基本步骤。这些图谱包括体现电力设备概念与拓扑结构的实体本体，以及针对业务逻辑图谱与案例图谱的操作本体和状态本体。实体本体涵盖了电力设备的概念和拓扑结构，操作本体包含了实际动作集合，例如切除、判别、熄灭电弧、断线定位等。状态本体指的是电力系统中设备的运行状态，例如全区域恢复供电、正常运行等。

知识推理是在已有知识的基础上，对知识图谱的质量进行人工或自动化的考核，并推理发现隐性的知识或错误三元组。质量评估的目的是通过考核知识图谱中知识的可信度，综合评价确定最终图谱的评分。评估可以采用相关领域的经验人士进行鉴定，也可以使用自定义的质量评估函数。通过质量评估，可以消除知识上的错误或冲突，保证知识图谱的质量。这样可以提高电力行业的运行效率，确保电力系统的安全稳定运行。

6.2.7　电网故障处置中的知识更新

随着电力系统调度数据网网络体系、故障应急措施、运行协议、处置预案、故障特征等信息的更新，新的电力知识不断叠加，要求配电网故障处置知识图谱的信息进一步完善。数据层的更新通过对图谱中节点的改变实现，模式层的更新是在已经存在的图谱中加入新增数据后得到的概念实现。

6.2.8　对未来发展的展望

知识图谱能够将领域知识做显性化沉淀和关联，大数据推动下其在配电网故障处置领域也受到了广泛关注，但在实际应用中遇到不少困难与挑战。本节基于知识图谱的发展及其在配电网故障处置中的应用，对未来知识图谱在配电网故障处置中面临的挑战进行了简要总结。

1. 针对知识图谱

现阶段复杂关系知识推理多依赖相关领域专家的预测与推断，随着业务的不断迭代与场景的不断拓宽，需进一步对底层图数据的存储方式进行拓展、对算法性能进行优化，储备专家、培养行业与技术整合型人才；现存知识图谱缺少核心的 Schema 建模技术，且知识图谱工具无法覆盖整个流程，需进一步升级其在大数据产品中的地位与作用；因研究对象不同，在构建知识图谱时需进行特殊化处理，在一定程度上加大了知识融合与知识更新的难度。

2. 针对输变电设备处置

（1）输变电设备数据存在大量有歧义、冗余的实体，且常伴随有噪声，导致对实体、关系的描述缺乏准确性、一致性，在构建知识图谱时会出现结构混乱、语义信息描述相互冲突的情况，因此产生了大量孤立、无用的实体和属性关系。这就要求在进行知识融合时，对实体的处理尽可能准确，否则将会导致后期在进行推理时发生紊乱，推理结果失真；

（2）知识推理与辅助决策使用的数据多为高质量的小样本数据，要想使用现阶段深度学习推理模型进行训练，需要大量的样本数据，但获取样本的成本过高。且现阶段，输变电设备管理中计算资源与存储资源较大的业务场景因机器学习算法效率的阻碍，无法实现实时、准确的计算要求。未来如何实现对电力设备故障处置中不规则的大规模原生数据进行有效利用与进一步提高算法效率，是推动数据－知识双向驱动的电力故障处置发展的必经之路；

（3）知识图谱在电力领域已被应用于设备管理、故障处置、电网调度、配电网综合评价等业务中，现阶段正是数据服务到知识服务的转变过程，数字化服务水到渠成，面向高质量输变电设备知识图谱的业务供给型领域知识图谱应用的开发也刻不容缓。此外，构建的领域知识图谱质量的好坏，将直接影响配电网故障处置工作中已有信息化系统、模块或任务的性能，因此，完善的质量评估方式也是当前面临的一项挑战。

3. 结　语

输变电设备知识图谱是基于节点和边构成的图结构，用于对现实世界的输变电设备进行建模，并以高质量的方式表达实体与其之间关系。近年来，输变电设备知识图谱在电力系统中得到广泛应用，特别是在电力智能检索、故障检测和智能问答等领域展现出良好的发展势头。通过运用自然语言处理、深度学习和图计算等智能化技术构建输变电设备故障处置知识图谱，可以为操作人员提供快速分析和定位故障的能力，为调度员提供精确、完整、动态化的决策辅助，进一步提高输变电设备故障处置的效率与质量。虽然该领域的研究目前仍处于探索阶段，但随着相关工作的深入研究，相信未来将会形成以知识为核心的"故障处置智能系统"，为输变电设备故障处置提供新的动力，提升电力领域相关人员的故障应急处置能力。

附录　知识图谱构建工具和技术

A.1　知识图谱构建工具的概述

1. 背景介绍

随着数字信息的急剧增长，人们面临着信息爆炸和复杂性的挑战。传统的信息管理方法往往难以处理庞大且分散的数据，而知识图谱构建工具的兴起为整合、组织和理解这些信息提供了新的解决方案。伴随着语义链接和语义搜索的需求日益增长，用户不再满足于简单的关键词匹配，而是希望系统能够理解查询的语义，提供更准确、深刻的搜索结果。知识图谱构建工具通过捕捉实体和关系的语义信息，为更智能地搜索和链接提供了基础。人工智能在各个领域的应用日益广泛，而知识图谱构建工具为人工智能提供了重要的知识基础。通过建模实体和关系，这些工具使得机器能够进行推理、理解复杂的关系，为自动化决策提供了支持[88]。

在企业和产业中，了解内部和外部关系对于制定战略决策至关重要。知识图谱构建工具为企业知识管理提供了新的途径，使得组织能够更好地理解内部结构、市场动态以及业务关系，为商业洞察和决策提供了有力支持。在科学研究和跨领域协作中，知识图谱构建工具可以整合来自不同领域的知识，促进科研人员、工程师和领域专家之间的合作。这有助于推动创新和解决复杂问题。随着互联网的发展，构建具有语义信息的知识图谱成为实现更智能、更个性化互联网体验的关键。这涉及到更好地理解和连接不同的信息源，从而提供更具价值的服务和内容。

知识图谱构建工具的背景研究表明，这一领域的发展是对信息管理、语义理解和自动化决策等方面挑战的积极回应。这些工具的应用不仅推动了技术的发展，同时也为各行各业提供了更为智能和高效的解决方案。

2. 知识图谱构建工具的研究现状

研究者们一直在致力于改进知识图谱构建的方法和算法，这包括实体识别、关系抽取、图谱嵌入等方面的研究。近年来，深度学习技术在这一领域取得了显著进展，如基于神经网络的实体关系抽取模型，有助于更准确地从文本中提取实体和关系。针对于知识图谱在不同领域的应用，医学、生物学、金融、企业管理等领域都在探索如何构建和应用领域特定的知识图谱，以更好地理解领域内的复杂关系和推动创新。一些开源的知识图谱构建工具和框架也得到了广泛的研究和使用，例如，Apache Jena、OpenKE、Stanford CoreNLP 等工具为研究人员和开发者提供了构建、管理和分析知识图谱的基础设施。

　　学者陈超美2010 年将作者同被引分析和文献同被引分析结合分析了 1996-2008 年情报学结构的变化，发现 H 指数等五个主要聚类，目前将 CiteSpace 推向 5.0 版并获广泛关注。作者、文献、期刊共被引时序图反映学科作者、文献、期刊渗透情况。南京大学和南京中医药大学学者基于 CSSCI 用关键词共现反映热点、文献共被引识别经典文献、期刊被引、作者合作网络揭示代表作者，对民族学、体育学、中国文学、中国统计学、中国外国文学、中国语言学、新闻学与传播学、图书馆情报与档案学进行分析；梅振荣对国内图书馆学科服务研究作者、机构、研究热点及前沿进行分析。饶武元基于关键词共现知识图谱分析一流学科研究主题、前沿。王雅兰构建司法鉴定学科主题演化、代表人物、研究趋势图谱。袁利平用知识图谱可视化分析比较教育四大期刊论文的学术群。王璇以会计学为例用 CiteSpace 关键词共现梳理学科脉络和前沿热点。同类研究还有高教学科、国内土地资源管理学科演进、国际冶金学科研究前沿、健康管理学科、社会医学与卫生事业管理学科、营销学、数量经济学、国际工程学科教育、外语学科、系统工程学、哲学、信息技术与学科教学、反腐败研究。蔡建东构建关键路径 pathfinder 和 EM 聚类算法下教育技术学发展演进路径知识图谱。Lin Zhu 用关键词共现图谱映射基于大数据理论的石油和天然气业研究热点和前沿。Minjuan Liu 用学科知识图谱分析作物学科知识结构和核心期刊。王佳玲用多个软件分析管理学科基金项目中英文研究成果。周阳用知识图谱优化国际药学学科知识库联盟结构。傅居正用知识图谱揭示数据新闻学科演进逻辑和研究热点。刘一然通过知识图谱提取学科单向选择题，发现其可较准确提取 C++试题集的知识点。

　　有学者用 Bibexcel 统计高被引期刊频次并生成共被引矩阵，然后用 SPSS 多维尺度分析识别核心期刊、聚类树状图分析期刊知识群和高影响力期刊，因子分析（主成分分析）反映高影响力期刊。陈芬以高校图书馆学科化服务用 SATI 生成共词矩阵，导入 SPSS 得出研究热点和发展趋势。易高峰用 Wordsmith 刊名词频分析生成的高频词界定主要研究领域。孟祥龙使用 Ucinet 构建中药炮制学学科作者引用网络、关键词共现网络图谱揭示学科权威作者和研究热点。韩瑞珍使用 Net Draw 构建关键词共现图谱比较中外情报学。秦长江使用 Pajek 将期刊共被引矩阵导入 Pajek 生成网络图，分析核心期刊，构建类团关系图分析研究热点[89]。

　　自动化知识图谱构建是一个活跃的研究方向，研究者们努力实现对大规模数据的自动化处理，包括自动构建、更新和扩展知识图谱的方法。这项工作涵盖了从多个数据源中提取信息到知识图谱的全过程。与语义网和开放数据标准相关的研究也在继续。这涉及到如何更好地与其他知识图谱集成，以及如何确保知识图谱的互操作性和可扩展性。

　　研究者们对知识图谱的质量和一致性也提出了关切。这包括如何处理不确定性、错误修复、图谱校正等方面的研究，以确保知识图谱能够准确地反映真实世界的知识。知识图谱在企业和产业中的实际应用也是研究的焦点，从智能搜索引擎到智能决策支持系统，研究者们在不同行业中探索知识图谱的商业应用和实际效益。

总体而言，知识图谱构建工具的研究现状表明这一领域在不断演进，研究者们致力于解决知识图谱构建的关键问题，以推动知识图谱技术在各个领域的广泛应用。

作为一项新兴的研究，知识图谱凭借其特色在各领域均有一定的涉及。知识图谱的发展与其构建工具的发展相互促进，如今国内外已经产生一些具备各自特点的知识图谱构建工具软件，主要面向科学计量方面。根据构建工具软件的特点对其进行简要概述与比较如附表 1 所示。

附表 1　知识图谱构建工具比较表

软件名称	作者及单位	主要应用领域	特点	图谱解读
pajek	Vladimir 和 Andrej 卢布尔雅那大学	合著网、化学有机分子网等	快速、抽象化	大数据集网络分析
Ucient	多位加州大学欧文分校的分析者	中心性分析、子图和角色分析等	通用、易于使用	社会网络
Bibexcel	欧莱·皮尔逊 于默奥大学	文献计量、引文分析、数目耦合、聚类分析等	小巧实用、功能丰富	社会网络
HistCite	SCI 创始人 尤金·加菲尔德	引文编年可视化、文献列表分析、绘制引文时序图	识别文献、重现研究历史发展	社会网络
CiteSpace	陈超美 德雷塞尔大学	科学史、哲学史、经济、体育、管理等	动态、应用广泛	突变检测、地理空间、历时分析
SPSS	Norman H.Nie 等斯坦福大学	调查统计、市场研究、医学统计	操作简单、结果清晰	统计分析
Sci^2	凯蒂·博尔纳 印第安纳大学	空间、时间、主题、网络分析	共享数据集和跨学科算法	突变检测、地理空间、历时分析
VOSViewer	VanEck 莱顿大学	文献知识可视化分析	适合大规模数据	社会网络
Prefuse	杰夫润·希尔斯图尔特·卡德等	数据建模、数据可视化、用户交互	支持多种数据结构、交互	信息可视化
达观标注系统	中国达观数据	计算机视觉、自然语言处理、自动驾驶、医学影像	多样化标注功能、数据管理	图谱结构、实体识别、关系抽取、数据集成
Nebula Graph 图数据库	杭州悦数科技有限公司	社会网络分析、推荐系统、金融风险、生物信息学	高性能、可扩展性、灵活性、数据实时处理	图谱构建、图谱分析、图谱导航、可视化、实时分析
gBuilder	北京大学王选计算机研究所数据管理实验室	知识管理、数据集成、业务分析、智能搜索	图谱构建、可视化分析、智能推理、实时更新	可视化展示、知识发现

软件名称	作者及单位	主要应用领域	特点	图谱解读
Editor 系统	Wolters Kluwer	地球科学研究、教育与培训、知识共享	在线编辑功能、知识体系管理、图谱可视化、自定义扩展	概念层、关系层、属性层、实例层
OpenKE	清华大学韩旭	知识图谱构建、信息检索、问答系统、关系预测	知识图谱嵌入、易用性、开源与社区支持、高效性	向量空间分析、关系模式识别
SATI	清华大学团队	中文文献分析、科学计量	支持中文文献的分析，界面友好，适合国内用户	通过中文文献图谱展示研究热点和学术交流
PKUVIS	北京大学可视化团队	大规模数据可视化、社会网络分析	强大的数据处理能力和直观的界面设计，适合社会科学和其他领域	图谱通过直观的可视化展示大规模社会网络中的互动关系
K-GBuilder	复旦大学团队	中文知识图谱构建、语义分析	针对中文文本进行了优化，适合中文语境下的知识图谱构建	通过语义化图谱展示中文知识领域内的结构和关联
KNetBuilder	中国科学院团队	学术文献分析、知识网络构建	适用于中文和英文文献的分析，聚焦学术领域	图谱展示学术文献中的知识网络和研究主题关系
CiteSpace CN	陈超美教授团队（国内版本）	中文文献分析、知识图谱	针对中文文献的支持，结合 CiteSpace 的功能和优势	中文文献图谱展示学术研究的发展动态和趋势

3. 知识图谱构建工具

知识图谱构建工具是一类用于创建、管理和维护知识图谱的软件工具。知识图谱是一种将信息以图形结构表示的知识表示方法，通常由实体、属性和关系组成，以帮助机器理解和推理关于现实世界的知识。这些构建工具的主要目标是收集、整合和组织大量的结构化和半结构化数据，将其转化为知识图谱的形式。

知识图谱构建工具通常包括：从各种数据源中提取信息进行数据抽取和收集工具，包括文本文档、数据库、网页等，以获取实体、属性和关系的数据。进行实体识别和分类识别文本中的实体，并将它们分类为知识图谱中的特定类别的工具，这便于建立知识图谱中的不同实体类型。通过识别和提取文本中描述实体之间关系的信息，以构建知识图谱中的关系的工具。还有提供有效的存储和管理机制的工具，以维护知识图谱的结构，包括实体、属性和关系的存储。以及支持在知识图谱上进行推理和查询操作的推理查询工具，以便系统可以根据已有的知识做出推断或回答用户的查询。还有可视化工具可以用于提供用户友好的界面，以便用户能够直观地查看和理解知识图谱的结构和内容。此外还有自动化更新工具来支持定期或实时地更新知识图谱，以反映现实世界中的变化和新信息。

一些知识图谱构建工具专注于特定领域，如生物学、医学、企业知识等，而另一些则是通用性的，适用于各种领域。这些工具在推动人工智能、自然语言处理和数据管理等领域的发展方面发挥着关键作用。

4. 知识图谱构建工具的实质性意义

知识图谱构建工具在多个领域中具有重要意义，对于推动人工智能和数据科学的发展发挥着关键作用。构建工具有助于整合来自不同数据源和格式的信息。通过将这些信息整合到一个共同的知识图谱中，可以更全面、一致地理解和利用数据。知识图谱构建工具通过对实体、属性和关系的建模，提供了对语义信息的更深层次理解，这有助于机器更好地理解文本和数据，从而支持自然语言处理和推理。基于知识图谱的构建，搜索引擎能够提供更智能、准确的搜索结果，用户可以通过查询知识图谱中的实体和关系来获取相关信息，而不仅仅是基于关键词匹配。知识图谱中的关系表示了不同实体之间的联系，使系统能够进行推理和推断。这种推理能力对于解决复杂问题和回答复杂查询非常有价值。在企业和组织中，知识图谱构建工具可以用于建立企业知识图谱，为决策制定提供支持。它可以帮助理解业务关系、发现趋势，并为决策者提供全面的信息基础。知识图谱构建工具可以帮助自动化数据处理的过程，包括实体识别、关系抽取和图谱更新。这有助于提高效率，减少人工处理的需求。针对特定领域的知识图谱构建工具可以提供领域专业化的知识表示。例如，在医学领域，知识图谱可以用于整合医学知识，支持疾病诊断和治疗决策。

总体而言，知识图谱构建工具的意义在于提供了一种有效的方式来组织、管理和利用大量的信息，从而推动了人工智能和数据科学的发展，为各个领域带来了更智能、更高效的解决方案。

5. 实体、属性、关系的概念

实体、属性、关系是数据库设计和管理中的重要概念，通常用于描述和组织数据模型。

实体是指在数据库中可以单独识别的、有实际存在或有独立意义的事物，通常对应于现实世界中的一个对象或概念。例如，在一个学生信息管理系统中，学生、教师、课程等都可以被视为实体。

属性是描述实体特征的特定信息或数据项，用于定义实体的特性。以学生为例，可能有学生的姓名、学号、出生日期等属性。

关系描述了实体之间的联系或连接，它们之间的关联性通常通过关联规则来定义。在学生信息管理系统中，学生和课程之间可能存在关系，比如一个学生参与了多门课程，这就是一个关系。

这三个概念通常在数据库设计中使用实体-属性-关系（Entity-Attribute-Relationship，简称 E-R）模型，帮助数据库设计者更好地理解和组织数据结构。这种模型有助于捕捉现实世界中对象之间的复杂关系，从而设计出能够有效存储和检索信息的数据库。

6. 知识图谱的表示方式

知识图谱是一种表示和组织知识的方式，通常采用图的形式来展示实体之间的关系，几种常见的知识图谱表示方式：

（1）图形结构：图形结构是一种常见的知识图谱表示方式，它使用节点（Nodes）和边（Edges）来表示实体和实体之间的关系。这种表示方式是直观的，易于理解，并在图数据库和图分析领域得到广泛应用。这种图形结构可以通过图数据库进行存储和查询。

图形结构直观地表示实体之间的关系，使得人们能够更容易理解知识图谱中的信息。图形结构非常灵活，可以轻松地添加、删除或修改节点和边，适应知识图谱的演化和变化。图形结构天然适合图数据库的存储和查询，能够提供高效的图查询和分析能力。图形结构的知识图谱可通过可视化工具进行直观的分析，有助于发现模式、关系和洞察。对于包含复杂关系的知识图谱，图形结构能够清晰地表示实体之间的多层次、多方向的关系。图形结构的知识图谱表示方式在许多应用领域，如社交网络、生物信息学、推荐系统等中都得到了广泛的应用。

（2）三元组（Triple）：RDF（Resource Description Framework）是一种常见的知识图谱表示方式，使用三元组来表示知识。一个三元组由主语（Subject）、谓语（Predicate）、宾语（Object）组成，描述实体之间的关系。例如，（John, hasFriend, Jane）表示"John和 Jane 有友谊关系"。三元组是构建知识图谱的基本单位，用于描述实体之间的关系，支持语义网的建模和查询。RDF 和三元组的概念是语义网的基石，通过链接数据（Linked Data）实现不同数据源之间的互联和语义理解。

其中的本体是一种形式化的知识表示，可以由三元组表示实体、关系和属性，用于定义领域中的概念和语义。在 Linked Data 概念中，三元组被用来连接不同数据集，使得分布在不同地方的数据能够互相链接和被机器理解。

三元组的简单结构和灵活性使其成为在语义建模和知识表示中广泛使用的一种形式。

（3）语义网络：语义网络是一种以节点和有向边组成的图形结构，节点表示实体，边表示实体之间的语义关系。语义网络通常用于表示概念之间的层次结构和关联关系。例如，一个概念层次结构可以表示为节点表示概念，边表示概念之间的父子关系。语义网络提供了一种直观的方式来表示概念之间的语义关系，使得知识更容易理解。通过可视化工具，可以清晰地展示概念之间的关系，帮助用户发现隐藏的模式和知识。语义网络支持层次结构的表示，通过有向边表示概念之间的上下级关系。基于语义网络的知识表示有助于进行推理和查询，从而实现更高层次的语义理解。语义网络可用于表示多领域的知识，从生物学到社会网络等各种领域。

语义网络的表示方式在人工智能、自然语言处理、知识图谱等领域中都有广泛的应用。它为构建更智能的系统和推理引擎提供了有力的基础。

（4）本体（Ontology）：本体是一种形式化的知识表示，定义了领域中的概念、实体和关系。本体语言如 OWL（Web Ontology Language）可用于创建具有层次结构和推理能力的知识表示。本体可以包含实体、类、属性和规则等元素，帮助定义知识图谱中的语义。本体为语义网提供了基础，支持不同数据源之间的关联和语义理解，它在知识图谱中用于定义实体之间的关系和约束，提供一致性和语义准确性。本体在自然语言处理中用于语义解析，帮助计算机理解文本中的含义。本体在构建智能系统和推理引擎时用于表达和推断知识以及在领域建模中用于规范和共享特定领域的知识。总之本体是一种强大的知识表示工具，用于形式化地表达领域知识，促进知识的共享和复用。

（5）图网络表示学习（Graph Network Representation Learning）：近年来，机器学习方法在知识图谱中的应用逐渐增多，通过学习节点和边的嵌入表示来捕捉知识图谱中的模式和语义关系。这种表示学习方法有助于在大规模图谱中进行推理和挖掘。

在社交网络中，网络表示学习可以用于学习用户的表示，从而实现社交网络中的用户推荐、社群检测等任务。在推荐系统中，网络表示学习可以学习用户和物品的嵌入，用于捕捉用户-物品交互关系。在知识图谱中，网络表示学习可以学习实体和关系的嵌入，提高知识图谱中的实体关联任务的性能。在生物信息学中，网络表示学习可以用于分析生物分子之间的相互作用关系。在文本图谱中，网络表示学习可以学习词汇、实体和关系的嵌入，从而更好地理解文本中的语义关系。

网络表示学习在图数据挖掘和分析中具有广泛的应用，帮助从图结构中挖掘隐藏的信息和模式。这些方法提供了一种有效的方式，使机器学习模型能够在图形数据上进行学习和推理。

这些表示方式可以根据具体的应用场景和需求进行选择，知识图谱的有效表示有助于更好地理解和利用大量的结构化和半结构化数据。

7. 知识图谱构建工具的分类

知识图谱构建工具是用于创建、管理和维护知识图谱的软件工具。这些工具涵盖了从数据收集和整合到知识表示和查询的各个方面。知识图谱构建工具包括图数据库、语义网工具、知识提取工具、本体建模工具、图形数据库工具、图分析工具、知识图谱服务平台，这些工具和平台通常可以根据不同的需求和使用场景进行选择，组合使用，以满足知识图谱构建的多方面需求。

图数据库是专门设计用于存储和查询图形数据的数据库系统，它们提供了高效的图形查询和模式匹配功能，是构建知识图谱的基础。一些常见的图数据库包括 Neo4j、Amazon Neptune 等。语义网工具旨在支持语义网的建模和查询。它们通常包括本体编辑器、RDF 三元组存储、查询语言支持等功能。Protege、Jena、Virtuoso 等是一些常见的语义网工具。知识提取工具用于从非结构化或半结构化数据中自动抽取实体、关系和属性信息。这些工具可以帮助构建知识图谱的起始阶段。OpenCalais、Stanford NLP、spaCy 等是一些常见的知识提取工具。本体建模工具用于创建和编辑本体，定义概念、属性和关系。它们通常支持本体语言（如 OWL）的编辑和验证。Protege、TopBraid Composer 等是本体建模领域的常见工具。图形数据库工具包括可视化和管理工具，帮助用户理解和操作图数据库。这些工具提供直观的界面，支持查询、可视化和导出图形数据。例如，Neo4j Browser 是 Neo4j 图数据库的管理和查询工具。图分析工具用于分析图数据，揭示图中的模式、社区结构和关键节点。它们通常提供算法和可视化功能，帮助用户更好地理解图谱中的信息。Gephi、Cytoscape 等是一些常见的图分析工具。知识图谱服务平台是提供知识图谱构建、存储和查询服务的综合平台。这些平台通常整合了多种工具和服务，提供一站式解决方案。AWS Neptune、Cloud Knowledge Graph 等是知识图谱服务平台的代表[90]。

1）通用构建工具

构建通用知识图谱的工具多种多样，涵盖了从数据整合、知识表示到查询的各个方面。这些通用的知识图谱构建工具，在不同的应用场景中都得到了广泛的应用，如 Protege，它是一个开源的本体编辑器，支持用户创建、编辑和验证本体。它提供直观的用户界面，支持 OWL 等本体语言；如 Neo4j，这是一款广泛使用的图数据库，提供高效的图形查询和图算法。它适用于存储和查询具有复杂关系的数据，是构建知识图谱的基础；如 Apache Jena，这是一个开源的语义网框架，支持 RDF 数据的存储和查询，它提供了一套工具和库，用于处理语义网数据；如 OpenLink Virtuoso，这是一种集成的语义网和关系数据库管理系统。它支持 RDF 和 SPARQL，并提供了图数据库的功能；如 Gephi，这是一个开源的图分析和可视化工具，用于揭示图中的模式、社区结构和关键节点，它适用于对图数据进行交互式探索和分析；如 Amazon Neptune，这是一种托管图数据库服务，支持 RDF 和图数据库模型，它提供了高可用性和可扩展性，适用于构建大规模的知识图谱；如 Cloud Knowledge Graph，这是 Cloud Platform 提供的知识图谱服务，它支持结构化数据的存储和查询，以及与其他 Cloud 服务的集成。

这些工具提供了从本体建模、图数据库管理到知识图谱服务的全方位支持，选择适合自己需求的工具通常取决于具体的使用场景、规模和技术要求。

2）领域专业化构建工具

在知识图谱领域，有一些专门化的工具和平台，专注于支持知识图谱的构建、管理和应用。这些工具通常提供更高级的功能，以满足领域专业化的需求。以下是一些知识图谱领域专业化构建工具：

（1）PoolParty Semantic Suite：

类型：知识图谱管理和本体工具

描述：PoolParty 是一套专业的语义技术工具，支持本体建模、知识图谱构建和管理。它提供了用于标注、分类和链接数据的工具，适用于企业级知识图谱应用。

（2）Owlready2：

类型：本体建模工具

描述：Owlready2 是一个 Python 库，专门用于本体建模。它支持 OWL 2 标准，并提供 Python 中的本体处理功能，使得在 Python 环境中进行本体构建更为便捷。

（3）Ontotext GraphDB：

类型：图数据库

描述：Ontotext GraphDB 是一个专门为知识图谱设计的图数据库。它支持 RDF 数据模型和 SPARQL 查询语言，具有高性能和可扩展性，适用于大规模知识图谱的存储和查询。

（4）AllegroGraph：

类型：图数据库

描述：AllegroGraph 是一款专注于图数据库领域的产品，支持 RDF 和 SPARQL。它提供了强大的图分析和推理功能，适用于复杂的知识图谱应用。

（5）TopBraid Composer：

类型：本体建模工具

描述：TopBraid Composer 是一个专业的本体建模和知识图谱工具。它提供了本体编辑、验证和推理功能，支持多种本体规范，包括 OWL 和 RDF。

（6）Grakn：

类型：知识图谱管理和图数据库

描述：Grakn 是一款专注于知识图谱管理和图数据库的开源软件。它采用图数据库和本体模型的结合，支持复杂的关系和推理，适用于构建具有高度关联性的知识图谱。

这些专业化的知识图谱构建工具提供了更多领域专业化的功能和支持，适用于特定行业或应用场景的知识图谱构建需求。选择工具时，需根据具体需求和领域特点进行评估[91]。

8. 关键功能和特点

知识图谱构建工具具有多样化，旨在支持知识图谱的创建、管理和应用，诸如以下功能和特点。

（1）本体建模：

功能：提供本体编辑器，支持用户创建和编辑概念、实体、属性和关系。

特点：本体建模功能有助于定义知识图谱中的结构，规定实体之间的关系和属性。

（2）数据抽取和整合：

功能：支持从多个来源抽取、整合和导入数据，包括结构化、半结构化和非结构化数据。

特点：能够处理多样的数据类型，确保知识图谱包含来自不同来源的丰富信息。

（3）图数据库：

功能：提供图数据库管理系统，支持图形数据的存储、检索和查询。

特点：用于存储和处理图形数据，提供高效的图查询和图分析功能。

（4）知识推理：

功能：支持推理机制，能够基于已知信息推导新的信息。

特点：增强了知识图谱的表达能力，使其能够自动填充缺失的信息和发现隐藏的关联。

（5）可视化工具：

功能：提供图形化用户界面，支持知识图谱的可视化和交互式探索。

特点：通过图形可视化帮助用户理解知识图谱的结构，发现模式和关联。

（6）本体匹配和链接：

功能：支持将外部数据与知识图谱中的实体匹配和链接。

特点：提高知识图谱的丰富度，整合来自不同来源的数据。

（7）语义搜索和查询：

功能：提供强大的语义搜索和查询功能，支持复杂的 SPARQL 查询或类似的语言。

特点：使用户能够以自然语言或结构化查询方式检索知识图谱中的信息。

（8）版本管理：

功能：支持知识图谱的版本管理，跟踪和记录知识图谱的演化。

特点：有助于团队协作、追溯知识图谱的变化，并支持回滚到先前的版本。

（9）安全和权限控制：

功能：提供对知识图谱的安全和权限控制，确保只有授权用户能够访问和修改特定的数据。

特点：保护知识图谱的隐私和完整性，支持符合安全标准的数据存储。

（10）自动化工具：

功能：提供自动化工具，用于自动抽取和更新数据，以及执行常见的知识图谱构建任务。

特点：提高构建效率，减少人工干预，确保知识图谱的实时性。

不同的知识图谱构建工具可能在这些功能和特点上有所不同，选择合适的工具通常取决于具体的应用需求和使用场景。

1）数据抽取和收集

知识图谱构建的第一步通常涉及从不同来源抽取和收集数据。这包括从结构化数据库、半结构化和非结构化文本、Web 数据等多种来源获取信息。

Web 爬虫是用于从网页上抓取数据的工具，它们可以遍历网页、提取文本、链接和其他有用的信息。常见的 Web 爬虫工具包括 Scrapy、Beautiful Soup 等。许多在线服务提供 APIs，允许开发者通过编程方式访问和获取数据，这可以包括社交媒体平台、数据库服务、新闻网站等。在数据收集过程中使用适当的 API，可以获取有关实体、关系和属性的信息，有许多组织和机构提供开放数据集，其中包含了各种领域的结构化数据，通过使用这些数据集，可以丰富知识图谱的内容。例如，政府机构、研究机构和数据门户提供的数据。借助本体匹配工具可以帮助将外部数据与已有的知识图谱进行匹配，例如，当外部数据中的实体与知识图谱中的实体相对应时，这些工具可以识别并链接它们，常见的工具包括 SILK Link Discovery Framework 等。

使用 NLP 工具可以从文本中抽取有用的信息，包括实体、关系和属性。一些常见的 NLP 工具包括 spaCy、NLTK、Stanford NLP 等。还可以利用如 Weka、RapidMiner 的数据挖掘工具分析大规模数据集，识别模式和关联。这些工具可以帮助发现未知的实体关系和属性。

一些知识图谱构建工具本身具有数据抽取的功能，支持从不同来源导入数据。例如，PoolParty Semantic Suite 和 TopBraid Composer 等。如果已有结构化数据存储在关系数据库或数据仓库中，可以使用 SQL 查询或 ETL（提取、转换、加载）工具来获取信息。常见的 ETL 工具包括 Apache NiFi、Talend 等。

在使用这些工具时，需要考虑数据的质量、一致性和格式，以确保构建的知识图谱具有准确性和可信度。数据抽取和收集阶段对于知识图谱的成功构建至关重要。

2）实体识别和分类

知识图谱构建中的实体识别和分类是关键步骤，涉及从文本数据中提取实体（如人物、组织、地点）并将它们分类为特定的类别。

实体识别是基于机器学习的实体识别模型，如条件随机场（CRF）、循环神经网络（RNN）和最近流行的预训练语言模型（如 BERT、GPT）。常使用自然语言处理（NLP）工具，从文本中识别并定位具体的命名实体。它通过将文本分割成单词或标记来识别文本中与实体相关的短语，如人名、地名等，并将识别到的实体按照类别进行分类。常应用于为构建知识图谱提供实体起点的知识图谱构建和提高搜索引擎对网页内容理解的搜索引擎优化以及文本挖掘。

实体分类是将已识别的实体分配到预定义的类别或类型中，通过使用监督学习算法训练分类器，如支持向量机（SVM）、决策树、深度学习模型等利用规则引擎，制定规则，根据实体的属性和上下文将其分类。过程通过从实体的上下文中提取特征，如周围词汇、上下文关系等，使用已标记的数据集训练分类器再使用分类器将新的实体分配到预定义的类别中。主要应用于知识图谱构建、信息检索、文本分类、上下文理解、多语言支持、领域适应性等方面。

实体识别和分类是知识图谱构建中的基础步骤，对于从文本数据中提取有用信息和建立丰富的知识图谱至关重要。

3）关系抽取

关系抽取是知识图谱构建中的一个关键任务，它涉及从文本或其他数据中提取实体之间的关系。这有助于建立实体之间的语义联系，为知识图谱增加更多关联性。

它借助依赖语法结构的方法，使用语法解析树和依赖关系分析，识别实体之间的语法结构，进而抽取关系。常见的工具包括 spaCy 和 Stanford NLP。还以基于监督学习或远程监督学习，使用已标注的数据训练关系抽取模型，模型可以包括卷积神经网络（CNN）、循环神经网络（RNN）和预训练语言模型（如 BERT、GPT）等。还可以通过制定规则来匹配文本中实体之间的关系模式，关系抽取对于知识图谱的构建和语义理解至关重要，它使得实体之间的联系更加清晰和有意义。

　　4）图谱存储和管理

　　图谱存储和管理是知识图谱构建工具中的一个关键方面，涉及有效地存储、查询和管理图形数据，图谱存储和管理工具的选择通常取决于项目的规模、性能需求、安全性要求以及对特定功能的需求。不同的工具提供了不同层次的灵活性和定制化，以满足知识图谱构建的各种需求。

　　图数据库是专门设计用于存储和查询图形数据的数据库系统，提供了高效的图形查询和模式匹配功能，常见图数据库有 Neo4j、Amazon Neptune、ArangoDB、JanusGraph等，它有多个功能和特点：

　　（1）图形查询语言：支持类似 SPARQL 的图形查询语言，用于检索和操作图形数据。

　　（2）索引和优化：提供针对图形数据的高效索引和查询优化机制，以加速查询速度。

　　（3）事务支持：允许执行事务，确保图形数据的一致性和完整性。

　　（4）分布式存储：提供分布式存储和查询，适用于大规模图形数据的场景。

　　（5）图算法支持：集成常见的图算法，如最短路径、社区检测等，用于图形数据的分析和挖掘。

　　三元组存储是图谱存储的一种方式，常见三元组存储有 Virtuoso、Blazegraph、Fuseki等，将知识图谱表示为主体-谓词-客体是三元组的一种存储方式，这种方式也有多个功能和特点：

　　（1）灵活性：通过三元组的方式灵活地表示实体、关系和属性。

　　（2）容易扩展：可以轻松地添加、删除或修改三元组，实现知识图谱的动态更新。

　　（3）查询性能：针对特定的查询需求，可以通过索引优化查询性能。

　　（4）标准化：符合 RDF 标准，支持语义网应用。

　　图谱的管理有相应的工具，比如 Ontotext GraphDB、PoolParty Semantic Suite 等。图谱管理工具是用于管理知识图谱整体的工具，包括数据导入、索引维护、权限管理等功能，也有多个功能和特点：

　　（1）数据导入：支持从不同来源导入数据，包括批量导入、实时流数据导入等。

　　（2）权限控制：提供对知识图谱的权限管理，确保只有授权用户能够访问和修改特定的数据。

　　（3）版本管理：支持图谱的版本管理，跟踪和记录知识图谱的演化。

　　（4）备份和恢复：提供备份和恢复机制，保障图谱数据的安全性。

　　5）推理和查询

　　推理和查询是知识图谱构建工具中至关重要的功能，它们支持用户从知识图谱中获取更深层次和复杂性的信息，推理和查询是知识图谱构建和应用中的关键步骤，它们使用户能够从知识图谱中洞察并获取深刻的信息。选择合适的查询语言和工具通常依赖于知识图谱的数据模型和使用场景。

在知识图谱中，通过逻辑和规则系统，基于已有的事实推导出新的信息或关系，借助规则引擎、本体推理和机器学习模型用来推理发现隐藏的关系和填充缺失的信息。

查询是用户通过查询语言或接口，向知识图谱提出问题或获取特定信息的过程。常用的查询语言有 SPARQL、Cypher、Gremlin 等，查询功能常被应用于支持复杂的图形查询，包括遍历、过滤和聚合以及一些系统支持在查询中集成推理，以获取更深层次的信息和允许用户进行模糊查询，处理部分匹配和不确定性等。

6）可视化工具

可视化工具对于知识图谱的理解、探索和展示非常重要，它为用户提供了直观、交互式的方式来理解和探索复杂的关系网络。常见的知识图谱可视化工具有：

（1）Neo4j Bloom：Neo4j Bloom 是 Neo4j 图数据库的官方可视化工具，提供直观的图形界面，用户可以通过简单的拖放操作创建查询、探索图谱，支持复杂的图查询和可视化。

（2）Gephi：Gephi 是一款开源的图网络分析软件，支持导入和可视化大规模图谱数据。它提供多种布局算法、过滤器和交互式探索功能。

（3）Cytoscape：Cytoscape 是一款用于生物学和其他复杂网络的开源软件。它支持导入图谱数据，并提供丰富的可视化和分析工具，包括各种布局算法、网络度量和样式定制。

（4）Ontotext GraphDB Workbench：GraphDB Workbench 是 Ontotext GraphDB 图数据库的 Web 界面，提供图谱的可视化和交互式查询功能。用户可以通过图形界面探索知识图谱的结构。

（5）Tableau：Tableau 是一款广泛用于数据可视化的商业工具。它支持连接到知识图谱数据源，创建交互式的图形报表和仪表板，以直观的方式呈现图谱数据。

（6）Linkurious：Linkurious 是一款专注于图数据库可视化的商业工具。它提供直观的界面，支持过滤、搜索和导航，帮助用户理解和分析复杂的图谱结构。

（7）yEd Graph Editor：yEd 是一款免费的图编辑器，支持绘制和编辑各种图形结构，包括知识图谱。它提供多种布局算法、导出选项和图形定制功能。

（8）Visallo：Visallo 是一款专业的图谱分析和可视化平台。它支持导入和分析大规模图谱数据，提供交互式的可视化工具和查询功能。

（9）Graphistry：Graphistry 是一款面向企业用户的图谱可视化工具，专注于大规模图谱数据的可视化和分析。它提供高性能的渲染和交互式探索功能。

这些工具提供了不同层次的灵活性、功能和用户体验，可以根据具体需求和使用场景选择合适的可视化工具。

可视化提供了图形化的表达，使得知识图谱的结构和关系更易于理解，用户可以通过可视化图形直观地看到实体之间的关系，帮助他们建立对知识图谱的整体认识。可视化使得用户能够发现图谱中的隐藏关系和模式。通过观察图形结构，用户可以识别不同实体之间的关联，发现新的关系，并从中获取见解。可视化有助于提供对知识图谱数据的全面视图，帮助决策者更好地理解复杂的业务问题。通过可视化，他们可以基于图谱数据做出更明智的决策，可视化是教育和培训的有力工具。通过在图谱上展示实例和案例，教育用户如何正确理解和使用知识图谱。通过观察图谱中的模式和趋势，用户可以更容易地识别异常情况、发现趋势，并从中提取有用的信息。

可视化为团队沟通提供了强大的工具。通过可视化，团队成员可以共享他们对知识图谱的理解，促进合作和共同的决策。可视化能够提高用户对知识图谱的参与度。用户通过直观的图形界面更容易与知识图谱互动，从而更积极地使用和贡献数据。

由此可见，可视化为知识图谱的使用者提供了更友好和直观的工具，有助于他们更深入地理解和利用知识图谱中的信息。在构建和应用知识图谱时，选择适当的可视化工具和技术是至关重要的。

7）自动化更新

知识图谱的自动化更新工具是为了确保知识图谱保持最新和准确的状态而设计的。这些工具使用自动化的方法从各种来源中提取、转换和加载新的信息，以更新知识图谱中的实体、关系和属性。常见的知识图谱自动化更新工具有 ETL 工具、数据抓取和爬虫工具、自然语言处理（NLP）工具、流处理框架、本体匹配工具、基于规则的系统、机器学习模型、图数据库的内置工具等

这些工具可以单独或组合使用，具体的选择取决于知识图谱的特定需求、数据源的类型和更新频率等因素，自动化更新工具的使用有助于确保知识图谱保持最新、准确和有用。

9. 应用领域[90]

知识图谱构建工具在各种领域中都有广泛的应用，通过构建和应用知识图谱，组织和利用大量的结构化和半结构化信息，为不同领域的问题提供更深层次的理解和智能支持。

（1）搜索引擎优化（SEO）：用于构建包含实体、关系和属性信息的知识图谱，有助于搜索引擎更好地理解和索引网页内容，提高搜索结果的质量。

（2）生物医学和医疗领域：用于构建生物医学知识图谱，整合医学文献、临床数据和基因组学信息，用于疾病诊断、药物研发和医学研究。

（3）企业知识管理：用于构建企业内部知识图谱，整合和管理企业内部的知识资产，促进信息共享、员工培训和决策支持。

（4）金融领域：构建金融知识图谱，用于整合金融市场数据、企业财务信息和宏观经济指标、风险管理、投资分析和决策制定。

（5）电商和推荐系统：构建商品和用户知识图谱，通过分析用户行为、商品特征和关系，提供个性化的商品推荐和购物体验。

（6）智能语音助手和聊天机器人：构建包含实体和关系信息的语义知识图谱，用于提供更智能、自然语言理解和响应的语音助手和聊天机器人。

（7）物联网（IoT）：构建连接设备和物体的知识图谱，用于监控和管理物联网设备、分析传感器数据以及提供智能控制和决策。

（8）教育领域：构建教育知识图谱，整合教育资源、学科知识和学生信息，用于个性化学习、课程推荐和教学管理。

（9）文化遗产保护：构建文化遗产知识图谱，整合文献、文物数据和历史信息，用于文化遗产保护、数字化展览和研究。

（10）智慧城市和地理信息系统（GIS）：构建城市知识图谱，整合城市规划、交通数据和环境信息，用于智慧城市管理、规划和服务优化。

（11）新闻和媒体：构建新闻知识图谱，整合新闻报道、事件关系和主题信息，用于新闻推荐、事件分析和媒体报道。

（12）科学研究：构建科学知识图谱，整合学术文献、研究成果和科学家关系，用于促进科研合作、发现新知识和科学创新。

（13）能源和环境：构建能源和环境知识图谱，整合能源消耗、环境监测和可再生能源数据，用于能源管理、环境保护和可持续发展。

（14）法律和合规：构建法律知识图谱，整合法规、案例和法律专业人员信息，用于法律研究、合规监管和法律咨询。

（15）社交网络分析：构建社交知识图谱，整合社交媒体数据、用户关系和话题信息，用于社交网络分析、情感分析和用户行为预测。

（16）制造业和供应链：构建制造和供应链知识图谱，整合生产数据、供应链关系和物流信息，用于制造优化、供应链管理和质量控制。

（17）体育和娱乐：构建体育和娱乐知识图谱，整合运动员数据、比赛结果和娱乐活动信息，用于赛事分析、粉丝互动和体育营销。

（18）人才管理和招聘：构建人才管理知识图谱，整合员工信息、技能标签和招聘数据，用于人才发展、招聘策略和团队构建。

这些领域展示了知识图谱构建工具的广泛适用性、多样性和通用性，它们在各行各业中都为组织和决策者提供了更深层次的理解、更智能的分析和更有效的决策支持，随着技术的不断发展，知识图谱的应用领域还将不断拓展。

A.2　常用知识图谱技术

在当今信息爆炸的时代，如何有效地组织、管理和利用海量信息成为一个重要的挑战。知识图谱作为一种强大的知识表示和组织工具，正在引领着信息科学领域的发展。构建和应用知识图谱不仅需要跨越多个学科领域，还需要借助一系列关键技术来实现。

首先，知识获取是知识图谱构建的起点。通过自然语言处理（NLP）、数据抽取技术和 Web 爬虫等工具，我们能够从多源数据中提取实体、关系和属性的信息。这一步骤是知识图谱的基础，为后续的建模和理解提供了丰富的数据支持[92]。

其次，知识表示是将获取到的知识以结构化形式呈现的关键技术。利用 RDF（资源描述框架）和 OWL（Web 本体语言）等，我们能够将实体、关系和属性以图形结构的形式清晰地表示出来。这样的表示不仅具备语义丰富性，还为知识图谱的推理和查询提供了基础[93]。

知识存储是为了有效地存储和管理知识图谱数据。图数据库、关系型数据库和NoSQL 数据库等不同类型的数据库技术提供了各种解决方案，确保知识图谱的数据能够高效、可扩展地存储和检索。

知识建模是在知识图谱中定义实体、关系和属性的关键步骤。通过本体建模技术、规则引擎和图算法，我们可以对知识进行建模，支持复杂的推理和计算。这一步骤为知识图谱的智能化应用奠定了基础。

知识融合技术则解决了多源知识的整合问题。数据清洗和集成、实体对齐和知识融合算法等手段，能够将来自不同数据源的知识整合成一致、完整的整体，提高知识图谱的全面性和准确性。

在知识理解方面，自然语言处理、机器学习和文本挖掘等技术使得知识图谱能够深入理解文本中的含义，从而丰富和扩展知识图谱的内容。这为知识图谱的应用提供了更广泛的可能性，包括情感分析、智能问答系统等。

最后，知识运维技术确保了知识图谱的高效运行。通过查询语言（如 SPARQL）、数据索引和可视化工具，我们能够对知识图谱进行灵活的查询和监控，保障知识图谱的可维护性。

综上所述，常用知识图谱技术覆盖了知识获取、知识表示、知识存储、知识建模、知识融合、知识理解和知识运维等多个方面，如附图 1 所示。深入理解这些技术将有助于更有效地构建和管理知识图谱，提高对知识的组织、理解和利用的能力。这是一个正在不断演进的领域，其发展将为人类对知识的深入挖掘和应用带来更多可能性。让我们一起探索这些技术的关键特点和应用领域，共同迎接知识图谱时代的到来。

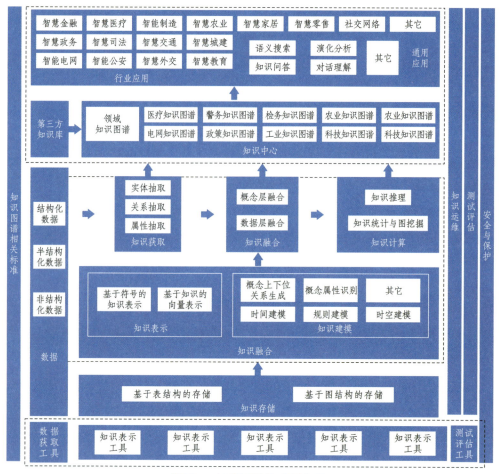

附图1　知识图谱技术架构图

1. 知识获取

知识图谱中的知识来源于结构化、半结构化和非结构化的信息资源，如附图2所示。通过知识抽取技术从这些不同结构和类型的数据中提取出计算机可理解和计算的结构化数据，以供进一步地分析和利用。知识获取即是从不同来源、不同结构的数据中进行知识提取，形成结构化的知识并存入到知识图谱中。当前，知识获取主要针对文本数据进行，需要解决的抽取问题包括：实体抽取、关系抽取、属性抽取和事件抽取。

知识获取作为构建知识图谱的第一步，通常有以下四种方式：众包法、爬虫、机器学习、专家法。

1）众包法

众包法是一种通过集体智慧来构建、修改和维护知识库的方法。在这种模式下，任何人都可以参与知识图谱的创建、修改和查询，从而实现知识的共享和协同建设。典型的例子包括百度百科。这些知识库存储的不再是大量的杂乱文本，而是以机器可读、具有一定结构的数据格式为基础的知识图谱。

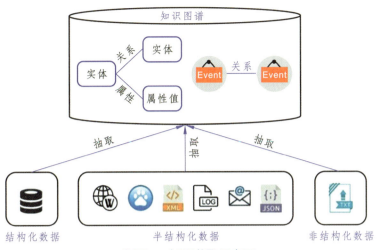

附图 2　知识获取示意图

（1）特点与案例

参与者多样性：众包法允许来自不同背景、领域、地区的各种人参与知识图谱的构建。这样的多样性有助于涵盖更广泛的领域和知识。

机器可读的结构化数据：与传统的文本知识库不同，众包法构建的知识图谱更注重机器可读性和结构化。信息以三元组的形式存储，即主体、谓词和客体，形成了关系网络。

大规模知识图谱：百度等科技公司通过众包法建立的知识图谱已经包含了超过千亿级别的三元组。这意味着这些知识图谱涵盖了庞大而复杂的知识体系，覆盖了广泛的主题和领域。

（2）实例

百度百科：用户可以创建新的词条、编辑已有的内容，形成一个庞大的百科全书，覆盖了各种主题。

知识图谱应用：众包法建立的知识图谱不仅仅用于搜索引擎，还广泛应用于语义搜索、智能问答系统、推荐系统等领域。

阿里巴巴的案例：阿里巴巴在 2017 年 8 月份发布的知识图谱，虽然仅包含核心商品数据，却已经达到了百亿级别。这进一步显示了众包法构建知识图谱的规模和潜力。

通过众包法建立的知识图谱具有强大的知识覆盖能力，能够迅速适应新的知识和信息，是现代信息时代中一种高效而强大的知识构建方式。

2）爬虫

爬虫是一种用于从网页中提取信息的程序，其在知识图谱数据积累中起到了关键的作用。通过网页开发者对网页中的实体、实体属性和关系进行标记，爬虫可以按照规则获取这些数据，从而实现知识图谱的数据积累。在当前，各种语言都有相应的爬虫框架，其中包括了一些流行的框架如 Python 的 Scrapy 和 Java 的 WebMagic。

（1）爬虫的工作流程

规则定义：网页开发者通过标记语言（如 HTML、XML）或其他方式，在网页中定义实体、实体属性和关系的规则，使其对爬虫可见。

爬取：爬虫根据规则，访问网页并抓取页面上的信息，包括文本、链接、图像等。通过解析 HTML 结构，爬虫能够定位标记的实体和关系。

清洗：获取到的数据可能包含一些噪声或无用信息，爬虫需要进行数据清洗，去除不需要的部分，确保提取到的信息是干净和准确的。

去重：有些网页可能包含相同的信息，为了保持数据的唯一性，爬虫需要进行去重操作，排除重复的实体或关系。

入库：清洗和去重后的数据被存储到数据库中，为构建知识图谱提供了基础的结构化数据。

（2）爬虫框架

Scrapy（Python）：Scrapy 是一个强大的 Python 爬虫框架，提供了一套完整的爬取流程，包括请求、响应、解析和存储等环节。它支持异步操作，能够高效地爬取大规模的数据。

WebMagic（Java）：WebMagic 是一个简单而灵活的 Java 爬虫框架，具有良好的可扩展性。通过注解和配置，用户可以定义爬取规则和处理流程。

（3）爬虫在知识图谱中的应用

知识图谱数据补充：爬虫可以用于从互联网上获取额外的数据，以补充知识图谱中的信息，确保知识图谱的及时更新和完整性。

领域知识挖掘：通过针对特定领域的网站进行爬取，爬虫可以帮助挖掘和积累领域专属的知识，为特定行业的知识图谱建设提供支持。

定制数据源：通过定制化爬虫规则，可以针对性地获取特定网站或应用的数据，从而创建定制化的知识图谱数据源。

总体而言，爬虫在知识图谱数据积累中扮演着重要的角色，通过从网页中提取结构化数据，为知识图谱的建设提供了丰富的信息资源。

3）机器学习

在机器学习中，将数据转化为可理解的知识是一个核心目标。这过程涉及使用机器学习模型，其中文本分类和主题模型是两个常用的技术，它们使得机器能够理解和提取文本中的关键信息。

（1）文本分类

定义：文本分类是指将给定文本分配到预定义类别或标签的任务。这种任务的目标是训练一个模型，使其能够自动地将文本分类到事先定义好的类别中。

工作原理：文本分类通常基于监督学习，使用已标记好的文本样本进行训练。模型学习从文本中提取特征，并通过这些特征对文本进行分类。

应用场景：在知识图谱中，文本分类可以用于将大量文本数据归类到不同的主题或类别，从而形成知识图谱中的各个领域。

（2）主题模型

定义：主题模型是一类用于从文本中发现主题的统计模型。它们通过识别文档中的概念或主题，并了解主题之间的关系，从而揭示文本中的潜在结构。

工作原理：主题模型的基本思想是假设每个文档都由多个主题组成，每个主题又由一组词汇构成。通过分析文档中词汇的共现关系，模型能够推断文档中的主题。

应用场景：主题模型可用于从大量文本数据中提取主题信息，这些主题信息可以用于构建知识图谱中的关系网络。

通过这些机器学习方法，原始的文本数据得以转化为结构化的、可理解的知识，从而为知识图谱的建设提供了基础。

4）专家法

专家法是一种知识获取的方式，通过领域专家的经验和知识，直接将专业领域的信息转化为知识图谱的结构和内容。在知识图谱的建设中，专家法通常应用于垂直领域的工程实践，其中专家通过对领域的深刻理解和经验归纳总结，形成知识图谱的核心元素，如实体、关系、属性等。

应用场景和特点：

垂直领域知识构建：专家法常用于构建垂直领域的知识图谱，特别是在某些领域专业性较强、数据不易获取或需要高度精准性的情况下。

事件图谱的构建：在事件图谱等特定领域，专家法更容易应用。事件图谱通常描述了特定事件、事实、人物之间的关系，专家的经验在这里可以直接转化为图谱中的实体和关系。

知识结构化：专家法有助于将领域专业知识进行结构化，形成知识图谱中的实体、属性和关系。专家通过对领域知识的归纳，能够直接提供具有结构化和语义含义的信息。

领域专业性强：当领域的专业性很高，需要深入理解领域内的细节和规律时，专家法的优势更为明显。专家能够提供深度、准确的领域知识。

数据稀缺或不可靠：在一些领域，数据可能非常稀缺或不够可靠，这时候专家法可以作为一种有效的替代方案。

专家法在知识图谱构建中强调领域专业性和深度，是一种获取高质量领域知识的有效手段，尤其在某些特定领域或场景下具有独特优势。

2. 知识表示

知识是人类在认识和改造客观世界的过程中总结出的客观事实、概念、定理和公理的集合。知识具有不同的分类方式，例如按照知识的作用范围可分为常识性知识与领域性知识。知识表示是将现实世界中存在的知识转换成计算机可识别和处理的内容，是一种描述知识的数据结构，用于对知识的一种描述或约定。知识表示在人工智能的构建中具有关键作用，通过适当的方式表示知识，形成尽可能全面的知识表达，使机器通过学习这些知识，表现出类似于人类的行为。知识表示是知识工程中一个重要的研究课题，也是知识图谱研究中知识获取、融合、建模、计算与应用的基础，如附图 3 所示。

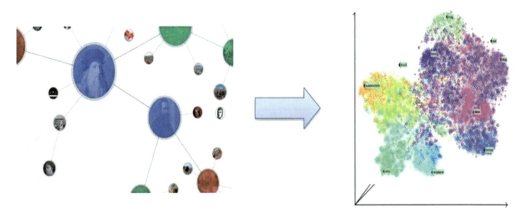

附图 3　知识图谱的向量表示

知识表示方法主要分为基于符号的知识表示方法与基于表示学习的知识表示方法。

1）基于符号的知识表示方法

基于符号的知识表示方法分为早期知识表示方法与语义网知识表示方法。其中，早期的知识表示方法包括一阶谓词逻辑表示法、产生式规则表示法、框架表示法与语义网络表示法。

（1）一阶谓词逻辑表示法。

基于谓词逻辑的知识表示方法，通过命题、逻辑联结词、个体、谓词与量词等要素组成的谓词公式描述事物的对象、性质、状况和关系。一阶谓词逻辑表示法以数理逻辑为基础，表示结果较为精确，表达较为自然，形式上接近人类自然语言。但是也存在表示能力较差，只能表达确定性知识，对于过程性和非确定性知识表达有限的问题。

（2）产生式规则表示法。

20 世纪 40 年代，逻辑学家 Post 提出了产生式规则表示。根据知识之间具有因果关联关系的逻辑，形成了"IF-THEN"的知识表示形式，该形式是早期专家系统常用的知识表示方法之一。这种表示方法与人类的因果判断方式大致相同，直观，自然，便于推理。除此之外，产生式规则表示法知识的表达范畴较广，包括确定性知识，设置置信度的不确定性知识，启发式知识与过程性知识。但是产生式规则表示法由于具有统一的表示格式，当知识规模较大时，知识推理效率较低，容易出现组合爆炸问题。

（3）框架表示法。

20 世纪 70 年代初，人工智能专家 M.Minsky 提出了一种用于表示知识的"框架理论"。来源于人们对客观世界中各种事物的认识都是以一种类似框架的架构存储在记忆中的思想，形成了框架表示法。框架是一种通用数据结构，用于存储人们过去积累的信息和经验。在框架结构中，能够借助过去经验中的概念分析和解释新的信息情况。在表达知识时，框架能够表示事物的类别、个体、属性和关系等内容。框架结构一般由"框架名-槽名-侧面-值"四部分组成，即一个框架由若干各个槽组成，其中槽用于描述所论事物某一方面的属性；一个槽由若干个侧面组成，用于描述相应属性的一个方面，每个侧面拥有若干值。框架具有继承性、结构化、自然性等优点，但复杂的框架构建成本较高，对知识库的质量要求较高，同时表达不够灵活，很难与其他的数据集相互关联使用。

（4）语义网络表示法。

1960 年，认知科学家 AllanM.Collins 提出了语义网络（SemanticNetwork）的知识表示方法。语义网络是一种通过实体以及实体间语义关系表达知识的有向图。在图中，节点表示事物、属性、概念、状态、事件、情况、动作等含义，节点之间的弧表示它所连接的两个节点之间的语义关系，根据表示的知识情况需要定义弧上的标识，一般该标识是谓词逻辑中的谓词，常用的标识包括实例关系、分类关系、成员关系、属性关系、包含关系、时间关系、位置关系等。语义网络由语义基元构成，语义基元可通过三元组（节点 1，弧，节点 2）描述，语义网络由若干个语义基元及其之间的语义关联关系组成。语义网络表示法具有广泛的表示范围和强大的表示能力，表示形式简单直接、容易理解、符合自然。然而语义网络存在节点与边的值没有标准，完全由用户自己定义，不便于知识的共享问题，无法区分知识描述与知识实例等问题。

2）基于表示学习的知识表示方法

早期知识表示方法与语义网知识表示法通过符号显式地表示概念及其关系。事实上，许多知识具有不易符号化、隐含性等特点，因此仅通过显式表示的知识无法获得全面的知识特征。此外，语义计算是知识表示的重要目标，基于符号的知识表示方法无法有效计算实体间的语义关系，如附图 4 所示。

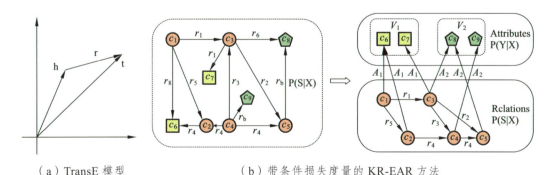

（a）TransE 模型　　　　　　（b）带条件损失度量的 KR-EAR 方法

附图 4　知识表示方法

3. 知识存储

知识存储是知识图谱中一个关键的组成部分，它涉及到对知识的表示形式和底层存储方式的设计，以支持大规模图数据的有效管理和计算。在知识图谱中，存储的对象包括基本属性知识、关联知识、事件知识、时序知识和资源类知识等。存储方式的质量直接影响到知识图谱中知识查询、计算和更新的效率。如附图 5 所示。

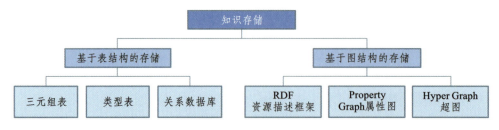

附图 5　知识存储方式

1）基于表结构的存储方法

这是一种传统的存储方式，类似于关系数据库。数据以表格的形式组织，每一行代表一个实体或关系，每一列代表一个属性。这种存储方式适用于相对结构简单、属性较少的情况。

适用场景：结构相对简单，属性较少的情况。适用于一些小规模的知识图谱或属性关系不复杂的场景。

优点：查询和处理效率相对较高，容易理解和维护。

缺点：难以表达实体之间复杂的关系，对于知识图谱的动态变化较难应对。

2）基于图结构的存储方法

这是一种更适应知识图谱本身结构的存储方式。知识图谱中的实体和关系被表示为图中的节点和边，这样的存储方式更贴近知识图谱的本质，能够更自然地表达实体之间的复杂关系。

适用场景：结构复杂，实体之间关系复杂且多样的情况。适用于大规模的知识图谱或属性关系复杂的场景。

优点：能够自然地表达实体之间的复杂关系，对于知识图谱的动态变化更为灵活。

缺点：查询和处理效率可能相对较低，维护成本较高。

总体而言，存储结构的选择应该根据知识图谱的规模、复杂度和需求来确定。基于表结构和基于图结构的存储方式各有优势，根据具体情况进行权衡和选择，以实现高效的知识存储和管理。

4. 知识融合

知识融合的概念最早出现在 1983 年发表的文献中，并在 20 世纪 90 年代得到研究者的广泛关注。而另一种知识融合的定义是指对来自多源的不同概念、上下文和不同表达等信息进行融合的过程。A.Smirnov 认为知识融合的目标是产生新的知识，是对松耦合来源中的知识进行集成，构成一个合成的资源，用来补充不完全的知识和获取新知识。在总结众多知识融合概念的基础上认为知识融合是知识组织与信息融合的交叉学科，它面向需求和创新，通过对众多分散、异构资源上知识的获取、匹配、集成、挖掘等处理，获取隐含的或有价值的新知识，同时优化知识的结构和内涵，提供知识服务。

知识融合是一个不断发展变化的概念，尽管以往研究人员的具体表述不同、所站角度不同、强调的侧重点不同，但这些研究成果中还是存在很多共性，这些共性反映了知识融合的固有特征，可以将知识融合与其他类似或相近的概念区分开来。知识融合是面向知识服务和决策问题，以多源异构数据为基础，在本体库和规则库的支持下，通过知识抽取和转换获得隐藏在数据资源中的知识因子及其关联关系，进而在语义层次上组合、推理、创造出新知识的过程，并且这个过程需要根据数据源的变化和用户反馈进行实时动态调整。从流程角度对知识融合概念进行分解，如附图 6 所示。

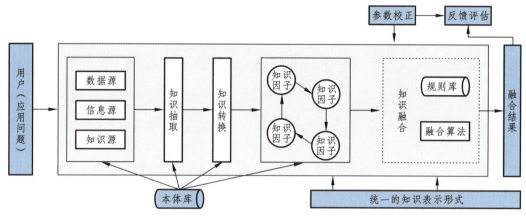

附图 6　知识融合概念分解

5. 知识建模

知识建模是指建立知识图谱的数据模型，即采用什么样的方式来表达知识，构建一个本体模型对知识进行描述。在本体模型中需要构建本体的概念，属性以及概念之间的关系。知识建模的过程是知识图谱构建的基础，高质量的数据模型能避免许多不必要、重复性的知识获取工作，有效提高知识图谱构建的效率，降低领域数据融合的成本。不同领域的知识具有不同的数据特点，可分别构建不同的本体模型.

知识建模一般有自顶向下和自底向上两种途径：自顶向下方法和自底向上方法。

1）自顶向下方法

这种方法首先定义数据模式即本体，在构建知识图谱时由领域专家进行人工编制。从最顶层的概念开始定义，然后逐步细化，形成结构良好的分类层次结构。这种方法的优势在于能够提前考虑和定义领域中的主要概念和关系，但可能无法涵盖一些开放域知识图谱中不断增长的新概念。

2）自底向上方法

这种方法相反，首先对现有实体进行归纳组织，形成底层的概念，然后逐步往上抽象形成上层的概念。自底向上的方法更适用于开放域知识图谱的本体构建，因为在开放的世界中，概念可能不断增长，自底向上的方法能够灵活应对概念的动态变化，如附图7所示。

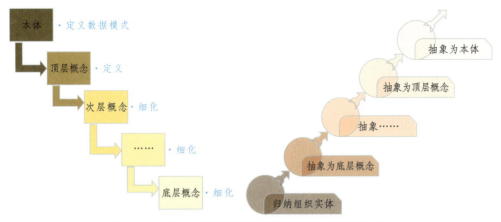

附图7 自顶向下的构建方法和自底向上的构建方法

6. 知识计算

随着知识图谱技术及应用的不断发展，图谱质量和知识完备性成为影响知识图谱应用的两大重要难题，以图谱质量提升、潜在关系挖掘与补全、知识统计与知识推理作为主要研究内容的知识计算成为知识图谱应用的重要研究方向。知识计算是基于已构建的知识图谱进行能力输出的过程，是知识图谱能力输出的主要方式。知识计算概念内涵如附图8所示，主要包括知识统计与图挖掘、知识推理两大部分内容，知识统计与图挖掘重点研究的是知识查询、指标统计和图挖掘；知识推理重点研究的是基于图谱的逻辑推理算法，主要包括基于符号的推理和基于统计的推理。

1）知识统计与图挖掘方法

（1）知识查询：

定义：使用查询语言，例如 SPARQL，对知识图谱进行检索，从中提取特定信息。

方法：用户可以通过提出问题或系统生成的查询语句，利用 SPARQL 等查询语言，实现对知识图谱中实体、关系和属性的定向搜索。

（2）指标统计：

定义：通过对图谱中实体、关系和属性的数量、频率等指标进行统计，评估图谱的特征和分布情况。

方法：利用数据分析工具，计算图谱的基本统计指标，如实体数量、关系数量、属性数量、热门实体或关系的频率等，以发现图谱的整体特性和可能存在的问题区域。

（3）图挖掘：

定义：运用数据挖掘和机器学习技术，挖掘图谱中的隐藏模式、关系和规律。

方法：使用数据挖掘算法，如社区发现算法、异常检测算法等，识别图谱中的模式和结构，以优化图谱的布局、结构和知识发现能力。

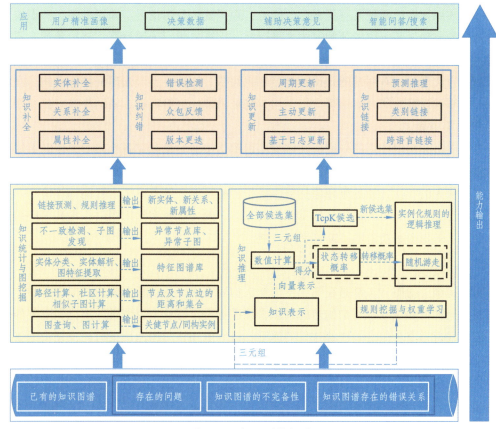

附图8　知识计算概念

2）知识推理方法

（1）基于符号的推理：

定义：利用逻辑推理和规则引擎等方法，在图谱中进行推断，通过事先定义的规则和逻辑关系填充图谱中的缺失信息，提高图谱的完备性。

方法：制定逻辑规则，使用专业的推理引擎执行推理操作，填补图谱中潜在的关系和信息，以提升图谱的逻辑一致性和知识完备性。

（2）基于统计的推理：

定义：运用统计学习和概率模型，从数据中学习隐含的知识，进行概率推断，用于处理不确定性和大规模数据。

方法：基于统计学习的方法，如贝叶斯网络等，通过对图谱数据的学习和建模，进行推理操作，为图谱中未知或隐含的关系提供概率化的推断。

知识计算的概念中明确了以下几个层面的问题：

（1）知识计算是针对已构建的知识图谱所存在的问题：不完备性和存在错误信息，在此基础上通过将知识统计与图挖掘、知识推理等方法与传统应用相结合进行能力输出，为传统应用形态进行赋能，进而提高知识的完备性和扩大知识的覆盖面。

（2）知识计算中两种具有代表性的能力：知识统计与图挖掘、知识推理。知识统计和图挖掘的方法是基于图特征的算法来进行社区计算、相似子图计算、链接预测、不一致检测等；知识推理的目标在于从给定知识图谱中推导出新的实体、关系和属性。通过这两种能力实现对已有图谱的知识补全、知识纠错、知识更新、知识链接等功能。在此基础上，知识计算的能力输出可应用于用户精准画像、决策数据、辅助决策意见、智能问答/搜索等方面。

总体而言，知识计算的研究旨在解决知识图谱中的质量和完备性问题，使其更加适用于各种应用场景。通过对知识的深入挖掘、推理和补全，知识计算为知识图谱的应用提供了更强大的支持，涵盖领域包括但不限于智能搜索、推荐系统、智能问答等。

知识计算作为知识图谱领域的重要研究方向，致力于充实知识图谱，提高其应用效能，推动了知识图谱技术的不断创新与发展。

7. 知识运维

知识运维（附图 9）是指在知识图谱初次构建完成之后，根据用户的使用反馈、不断出现的同类型知识以及增加的新的知识来源进行全量行业知识图谱的演化和完善的过程。该过程遵循小步快走、快速迭代的原则，以确保知识图谱的质量可控及逐步地丰富衍化。知识图谱的运维过程是工程化的体系，覆盖了知识图谱的从知识获取至知识计算等整个生命周期。

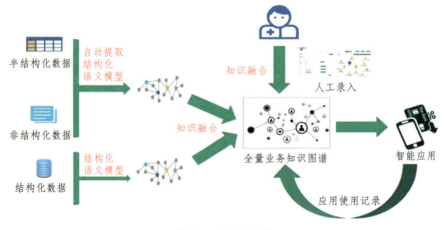

附图9 知识运维

知识图谱运维关注两个主要方面：

1）基于增量数据的知识图谱构建过程监控内容和方法

关注从数据源获取的增量数据，并监控知识图谱构建的全过程，包括数据清洗、实体抽取、关系抽取等，具体包括以下步骤：

自动化监控：利用监控系统实时追踪知识图谱构建的各个步骤，发现潜在错误和问题。

数据质量评估：使用数据质量评估工具，对增量数据进行质量检查，发现和修复可能的错误。

算法性能监测：实时监测知识图谱构建中使用的算法的性能，确保其在大规模数据处理中的稳定性和效率。

2）通过知识图谱应用层发现知识错误和新的业务需求和方法[94]

关注知识图谱应用层的用户反馈，发现可能存在的知识错误、缺失或新的业务需求，具体包括以下步骤：

用户反馈处理：通过设立用户反馈渠道，及时收集和处理用户的反馈信息。

问题修正：专家人工审核和算法辅助，修正知识图谱中存在的问题，包括错误、缺失、重复等。

自动化监控：利用监控系统实现对知识图谱全过程的实时监测，发现潜在问题。

算法更新：根据监控结果和问题修正，调整知识图谱构建中使用的算法，提高其适应性和性能。

通过这样的运维过程，知识图谱能够不断优化和演进，确保在真实场景中持续发挥其作用。

知识图谱技术涵盖了知识获取、知识表示、知识存储、知识建模、知识融合、知识理解和知识运维等多个方面，形成了一个庞大而复杂的体系。这些技术密切相连，相互协作，共同构筑了知识图谱的基础架构。

首先，知识获取是构建知识图谱的起点。通过自然语言处理、数据抽取技术和 Web 爬虫等工具，从多源数据中提取实体、关系和属性的信息。这一步骤为知识图谱的建设提供了必要的数据基础，使得系统能够从结构化、半结构化和非结构化的信息资源中获取有价值的知识。

其次，知识表示是将获取到的知识以结构化形式呈现的关键技术。利用 RDF（资源描述框架）和 OWL（Web 本体语言）等，实体、关系和属性以图形结构的形式清晰地呈现出来。这种表示不仅富含语义信息，而且为后续的知识推理和查询提供了基础。

知识存储是为了有效地存储和管理知识图谱数据。不同类型的数据库技术，如图数据库、关系型数据库和 NoSQL 数据库等，提供了各种解决方案，以确保知识图谱的数据能够高效、可扩展地存储和检索。

知识建模是在知识图谱中定义实体、关系和属性的关键步骤。通过本体建模技术、规则引擎和图算法，对知识进行建模，支持复杂的推理和计算。这一步骤为知识图谱的智能应用奠定了基础。

知识融合技术解决了多源知识的整合问题。数据清洗和集成、实体对齐和知识融合算法，将来自不同数据源的知识整合成一致、完整的整体，提高知识图谱的全面性和准确性。

在知识理解方面，自然语言处理、机器学习和文本挖掘等技术使得知识图谱能够深入理解文本中的含义，为知识图谱的应用提供更广泛的可能性，包括情感分析、智能问答系统等。

最后，知识运维技术确保了知识图谱的高效运行。通过查询语言（如 SPARQL）、数据索引和可视化工具，对知识图谱进行灵活的查询和监控，保障知识图谱的可维护性。

综上所述，这些技术形成了一个庞大而复杂的知识图谱技术体系，为有效构建、管理和应用知识图谱提供了全面的支持。深入理解这些技术将有助于提高对知识的组织、理解和利用的能力，推动知识图谱领域的不断演进。知识图谱技术的发展为人类对知识的深入挖掘和应用开辟了更为广阔的前景。

参考文献

[1] 肖仰华. 知识图谱：概念与技术[M]. 北京. 电子工业出版社，2020.

[2] 陈子睿，王鑫，王林，等. 开放领域知识图谱问答研究综述[J]. 计算机科学与探索，2021，15（10）：1843-1869.

[3] 张阿凯. 面向封闭与开放世界的知识图谱嵌入研究[D]. 武汉：华中师范大学，2022.

[4] 邓智嘉. 基于人工智能的知识图谱构建技术及应用[J]. 无线电工程，2022，52（05）：766-774.

[5] 耿相新. 出版对象论[J]. 现代出版，2022，（05）：41-59.

[6] 侯礼灏. 基于知识图谱的法律问答系统的设计与研究[D]. 西安：西京学院，2023.

[7] 王倩玉. 领域知识图谱构建及其在财务审计的应用[D]. 南京审计大学，2019.

[8] 林绍锐. 基于税务数据的金融知识图谱构建与挖掘技术研究与应用[D]. 北京邮电大学，2023.

[9] 丁奕齐. 面向领域知识图谱构建的知识抽取的研究和实现[D]. 北京邮电大学，2022

[10] Lin，J.；Zhao，Y.；Huang，W.；Liu，C.；Pu，H.：Domain knowledge graph-based research progress of knowledge representation. Neural Comput & Applic. 33，681 690，2021.

[11] 王昊奋，漆桂林，陈华钧. 知识图谱方法、实践与应用[M]. 北京. 电子工业出版社，2019.

[12] 李本锌. 智能算法在油浸式变压器故障诊断中的应用研究[D]. 南昌：华东交通大学，2015.

[13] 余建明，王小海，张越，等. 面向智能调控领域的知识图谱构建与应用[J]. 电力系统保护与控制，2020，48（3）：29-35.

[14] Ni，L.；Tom M.；William W. C.：Random walk inference and learning in a large scale knowledge base. EMNLP - Conf. Empir. Methods Nat. Lang. Process. ，Proc. Conf. 529-539，2011.

[15] 尖尖啊.（2023）. CNN 卷积神经网络模型库之 ResNet 介绍. https：//blog. csdn. net/shymartin/article/details/135308512.

[16] Li B.；Guo Q.：Construction and application of intelligent evaluation indicator system of line loss lean management based on knowledge graph[J]. IEEE Access，2023，11：42660-42669.

[17] Tang，Y.；Liu，T.；Liu，G.；Li，J.；Dai R.；and Yuan C.："Enhancement of Power Equipment Management Using Knowledge Graph，" 2019 IEEE Innovative Smart Grid Technologies - Asia（ISGT Asia），Chengdu，China，2019，pp. 905-910.

[18] Neo4j Graph Database[EB/OL]. https：//neo4j. com/

[19] 图形数据库 Neo4j [EB/OL].（2024-8-6）. https：//baijiahao. baidu. com/s?id=1806868688234043149&wfr=spider&for=pc

[20] 高海翔，苗璐，刘嘉宁，等. 知识图谱及其在电力系统中的应用研究综述[J]. 广东电力，2020，33（09）：66-76.

[21] 李新鹏，徐建航，郭子明，等. 调度自动化系统知识图谱的构建与应用[J]. 中国电力，2019，52（2）：70-77.

[22] 张曼，李杰，朱新忠，等. 基于改进 DCGAN 算法的遥感数据集增广方法[J]. 计算机科学，2021，48（S1）：80-84.

[23] 星河里的夜航船.（2023）. 数据预处理. https：//zhuanlan. zhihu. com/p/596501653 hihu. com.

[24] 徐伟伟. 关联规则挖掘的算法研究[J]. 科技信息（科学教研），2007（19）：80+64.

[25] 张国治，陈康，方荣行，等. 基于 DGA 与鲸鱼算法优化 LogitBoost—决策树的变压器故障诊断方法[J]. 电力系统保护与控制，2023，51（7）：63-72.

[26] 王德文，邸剑，张长明. 变电站状态监测 IED 的 IEC61850 信息建模与实现[J]. 电力系统自动化，2012，36（003）：81-86.

[27] 任乐，张仰森，刘帅康. 基于深度学习的实体关系抽取研究综述[J]. 北京信息科技大学学报（自然科学版），2023，38（06）：70-79+87.

[28] 牛继荣，张叔禹，郭红兵，等. 输变电设备信息管理手册[M]. 中国水利水电出版社，2018.

[29] 电规总院 2023 年度《中国电力发展报告》发布[J]. 中国工程咨询，2023（9）

[30] 乔虎. 面向模块扩展的产品模块化设计关键技术研究[D]. 陕西：西北工业大学，2015.

[31] robert. 多模数据库系统研究综述 [EB/OL].（2023）. https：//zhuanlan. zhihu. com/p/611436611.

[32] 极客笔记，数据集和数据源的区别[EB/OL].（2023）. https：//deepinout. com/sql/sqlquestions/8_sql_difference_between_datasource_and_dataset. html.

[33] robert. 多模数据库系统研究综述[EB/OL].（2023）. https：//zhuanlan. zhihu. com/p/611436611.

[34] 星河里的夜航船. 数据预处理[EB/OL]（2023）. https：//zhuanlan. zhihu. com/p/596501653 hihu. com.

[35] 李航. 统计学习方法（第 2 版）[M]. 北京. 清华大学出版社，2019.

[36] 张磊. 残差网络 ResNet 解读（原创）[EB/OL].（2023）https：//zhuanlan. zhihu. com/p/32702162.

[37] 彭刚，周舟，唐松平，等. 基于时序分析及变量修正 的变压器故障预测[J]. 电子 测量技术，2018，41（12）：96-99.

[38] 栗磊，王廷涛，殷浩然，等. 基于 GWO-LSTM 与 NKDE 的变压器油中溶解气体 体积分数点——区间联合预测方法[J]. 高压电器，2022，58（11）：88-97.

[39] 安国庆，史哲文，马世峰，等. 基于 RF 特征优选的 WOA-SVM 变压器故障诊断 [J]. 高压电器，2022，58（2），171-178.

[40] 吴君，丁欢欢，马星河，等. 改进自适应蜂群优化算法在变压器故障诊断中的应用 [J]. 电力系统保护与控制，2020，48（9）：174-180.

[41] 咸日常，范慧芳，李飞，等. 基于改进 GSA-SVM 模型的电力变压器故障诊断[J]. 智慧电力，2022，50（6）：50-56.

[42] 周晓华，冯雨辰，陈磊，等. 改进秃鹰搜索算法优化 SVM 的变压器故障诊断研究 [J]. 电力系统保护与控制，2023，51（8）：118-126.

[43] 谭贵生，石宜金，刘丹丹，等. 基于混沌粒子群优化支持向量机的变压器故障诊断 [J]. 昆明理工大学学报（自然科 学版），2019，44（5）：54-61.

[44] 相晨萌，闫鹏，赵海涛，等. 基于无编码比值法的天然酯绝缘油变压器故障诊断方 法研究[J]. 河北电力技术，2022，41（2）：62-66.

[45] 张又文，冯斌，陈页，等. 基于遗传算法优化 XGBoost 的油浸式变压器故障诊断 方法[J]. 电力自动化设备，2021，41（2）：200-206.

[46] 李本锌. 智能算法在油浸式变压器故障诊断中的应用研究[D]. 南昌：华东交通大 学，2015.

[47] 李恩文. 基于重构聚类分析方法的油浸式变压器故障诊断研究[D]. 武汉：武汉大 学，2019.

[48] 唐勇波，桂卫华，彭涛，等. PCA 和 KICA 特征提取的变压器故障诊断模型[J]. 高 电压技术，2014，40（2）：557-563.

[49] 增量更新和全量更新[EB/OL].（2023-11）https：//developer. baidu. com/article/detail. html?id=424471

[50] 代杰杰，宋辉，盛戈皞，等. 采用 LSTM 网络的电力变压器运行状态预测方法研究[J]. 高电压技术，2018，44（4）：1099-1106.

[51] 任本跃. 隔离开关过热的原因，危害和预防措施[J]. 农村电工，1996.

[52] 肖荣，徐澄. 220 kV GW6 型隔离开关导电回路过热故障分析及处理[J]. 高压电器，2013，49（1）：107-110.

[53] Chen, F. G.; Yang, A. J.; Ma, H. Z.; Cai, J.; Ruan, Y. J.: Design and implementation of intelligent sensing system for high voltage isolating switch status. Automation Technology and Application. 40（08），131-135-152，2021

[54] Chen, S. G.; Guan, Y. G.; Zhang, X. Q.; Yang, Y. W.; Zhang, Y. M.: Fault diagnosis method of high voltage isolating switch based on Multi-SVDD under incomplete fault category. Journal of Electrotechnical Technology. 33（11），2439-2447，2018.

[55] Teng, Y.; Tan, T. Y.; Lei, C.; Yang, J. G.; Ma, Y.; Zhao, K.; Jia, Y. Y.; Liu, Y.: A novel method to recognize the state of high-voltage isolating switch. IEEE Trans. Power Delivery. 34（4），1350-1356，2019.

[56] Liu, S. B.; Song, L. C.; Guo, W. J.; Liu, W.: Fault diagnosis based on stator current characteristics and SVM high voltage isolating switch. High Voltage Electrical Appliances. 56（06），289-295，2020. https：//doi. org/10. 13296/j. trc. 2020. 06. 042

[57] Yi, T. Q.; Xie, Y. Z.; Zhang, H. Y.; Xu, K.: Insulation fault diagnosis of disconnecting switches based on wavelet packet transform and PCA-IPSO-SVM of electric fields. IEEE Access. 8，176676-176690，2020.

[58] Wu, J. Y.; Li, Q.; Chen, Q.; Peng, G. Q.; Wang, J. Y.; Fu, Q.; Yang, B.: Evaluation，analysis and diagnosis for HVDC transmission system faults via knowledge graph under new energy systems construction：A critical review. Energies. 15（21），8031-8031，2022.

[59] Ding, H.; Qiu, Y.; Yang, Y. B.; Ma, J.; Wang, J. Y.; Hua, L.: A review of the construction and application of knowledge graphs in smart grid. 2021 IEEE Sustainable Power and Energy Conference（iSPEC），Nanjing，China. 3770-3775，2021.

[60] Zhang B.; Qian P.; Li C.; et al. Research on the construction method of knowledge ontology facing the field of substation maintenance[C]//Journal of Physics：Conference Series. IOP Publishing，2021，1971（1）：012062.

[61] Schuster，M.；Paliwal，K. K.：Bidirectional recurrent neural networks. IEEE Trans Signal Process. 45（11），2673-2681，1997.

[62] 张紫芸，王文发，马乐荣，等. 预训练文本摘要研究综述[J].《延安大学学报（自然科学版）》，2022，41（1）：98-104.

[63] Lafferty，J.；Mccallum，A.；Pereira，F.：Conditional random fields：Probabilistic models for segmenting and labeling sequence data. Proc. 18th International Conf. on Machine Learning. 2001.

[64] Qin，P.；Xu，W.；Guo，J.：An empirical convolutional neural network approach for semantic relation classification. Neurocomputing. 190，1-9，2016.

[65] Hochreiter，S.；Schmidhuber，J.：Long short-term memory network. Neural Computation. 9（8），1735-1780，1997.

[66] Forney，G. D.：The viterbi algorithm. Proc. IEEE. 61（3），268-278，1973.

[67] Teng，Y.；Tan，T. Y.；Lei，C.；Yang，J. G.；Ma，Y.；Zhao，K.；Jia，Y. Y.；Liu，Y.：A novel method to recognize the state of high-voltage isolating switch. IEEE Trans. Power Delivery. 34（4），1350-1356，2019.

[68] Zheng，S.；Xu，J.；Zhou，P.；Bao，H.；Qi，Z.；Xu，B.：A neural network framework for relation extraction：learning entity semantic and relation pattern. Knowledge-Based Syst. 114，1-12，2016.

[69] 施超. 智能电网大数据相关应用问题研究[D]. 广州：华南理工大学，2015..

[70] 吴烨. 基于图的实体关系关联分析关键技术研究[D]. 长沙：国防科学技术大学，2014.

[71] 范士雄，李立新，王松岩，等. 人工智能技术在电网调控中的应用研究[J]. 电网技术，2020，44（02）：401-411.

[72] 赵双兵，王毛，李健，等. 精益化管理在输变电设备运维管理中的应用[J]. 企业改革与管理，2017.

[73] 陈伟. 正确认识层次分析法（AHP 法）[J]. 人类工效学，2000（02）：32-35.

[74] 陆添超，康凯. 熵值法和层次分析法在权重确定中的应用[J]. 电脑编程技巧与维护，2009（22）：19-20+53.

[75] 徐伟伟. 关联规则挖掘的算法研究[J]. 科技信息（科学教研），2007（19）：80+64.

[76] 孙吉贵，刘杰，赵连宇. 聚类算法研究[J]. 软件学报，2008（01）：48-61.

[77] 皮靖，邵雄凯，肖雅夫. 基于朴素贝叶斯算法的主题爬虫的研究[J]. 计算机与数字工程，2012，40（06）：76-78+123.

[78] 李生. 自然语言处理的研究与发展[J]. 燕山大学学报，2013，37（5）：377-384.

[79] Vaswani A，Shazeer N，Parmar N，et al. Attention is all you need[J]. Advances in neural information processing systems，2017，30.

[80] Bahdanau D. Neural machine translation by jointly learning to align and translate[J]. arxiv preprint arxiv：1409. 0473，2014.

[81] Liu X，Zheng Y，Du Z，et al. GPT understands，too[J]. AI Open，2023.

[82] Du Z，Qian Y，Liu X，et al. Glm：General language model pretraining with autoregressive blank infilling[J]. arXiv preprint arXiv：2103. 10360，2021.

[83] Schick T，Sch ü tze H. Exploiting cloze questions for few shot text classification and natural language inference[J]. arXiv preprint arXiv：2001. 07676，2020.

[84] Yang Z. XLNet： Generalized Autoregressive Pretraining for Language Understanding[J]. arxiv preprint arxiv：1906. 08237，2019.

[85] Shoeybi M，Patwary M，Puri R，et al. Megatron-lm：Training multi-billion parameter language models using model parallelism[J]. ar**v preprint ar**v：1909. 08053，2019.

[86] Topsakal O，Akinci T C. Creating large language model applications utilizing langchain：A primer on develo** llm apps fast[C]//International Conference on Applied Engineering and Natural Sciences. 2023，1（1）：1050-1056.

[87] 张敏杰，徐宁，胡俊华，等. 面向变压器智能运检的知识图谱构建和智能问答技术研究[J]. 全球能源互联网，2020，3（6）：607-617.

[88] 张吉祥，张祥森，武长旭，等. 知识图谱构建技术综述[J]. 计算机工程，2022，48（03）：23-37.

[89] 姚萍，李坤伟，张一帆. 知识图谱构建技术综述[J]. 信息系统工程，2020（05）：121+123.

[90] 刘鹏. 面向领域知识图谱构建的关键技术研究[D]. 西安工业大学，2023.

[91] 付瑞. 基于实体关系联合抽取的领域知识图谱构建与应用[D]. 昆明：云南大学，2022.

[92] 王建政. 知识图谱构建的方法研究与应用[D]. 成都：电子科技大学，2022.

[93] 汉鹏武，朱科，侯景. 标准知识图谱构建方法及其应用研究[C]//国防科技大学系统工程学院. 第五届体系工程学术会议论文集—数智时代的体系工程. 中国科学院空间应用工程与技术中心；国防科技大学系统工程学院；中国科学院大学，2023：7

[94] 郑晓龙，白松冉，曾大军. 面向复杂决策场景的认知图谱构建与分析[J]. 管理世界，2023，39（05）：188-204.